현장에서 즉시 사용할 수 있는

추광호 지음

산업·특수 가스
안전 관리법

20여 년간 엔지니어링 업계에 몸 담아 오면서 내가 느낀 것은 정유, 석유화학 등에 대한 서적은 많이 발간되었으나 가스에 대한 서적은 적다는 것이었다. 그것이 이 책을 발간하게 된 이유이다.

시중에 출판된 가스에 대한 서적도 LPG, 도시 가스 등과 같은 일정한 품목에만 치우쳐 있고, 산업 가스와 특수 가스에 대한 서적은 적다. 그래서 이 책에서는 이러한 분야를 쉽게 이해할 수 있도록 구성했다.

이 책은 이론을 바탕으로 엔지니어링(Engineering)을 수행하여 설계 및 설치를 하기보다는, 현업에서 언제든지 즉시 사용할 수 있는 것에 목적을 두었다. 즉 복잡한 계산은 배제하려고 노력하였으며, 최대한 간단하고 경험을 바탕으로(Rule Of Thumb)하여 작성하는 데 중점을 두었다.

근래와 같이 반도체, LCD, LED, 태양전지 및 제철산업 분야 등의 빠른 성장에 따라 점점 많은 양의 산업용 가스와 특수 가스가 사용되고 있다. 뿐만 아니라 더 높은 효율성을 이유로 하여 새로운 가스 또는 케미컬이 요구되고 있다. 이렇게 사용되는 물질들은 흔히 우리가 주변에서 볼 수 없는 물질로 이루어져 있다. 이러한 물질들은 각종 위험, 즉 질식성, 가연성, 독성, 부식성 등을 포함하고 있으며, 그 물성치도 상당히 독특한 물질들이 많다. 그 모든 물질 각각에 대하여 서로 다른 기준을 적용하다 보면 안전하고 신뢰성 있는 운영 및 안전 보장이 어렵다. 그렇기 때문에 이 책은 각 물질의 성격에 맞게 설치 및 운영을 할 수 있도록 쓰였다.

어떠한 종류의 가스이든 그 취급 방법을 정확히 숙지하고 있는 숙련된 사람에 의하여 설치 및 운영이 수행된다면 안전할 것이며, 또한 삶의 질을 향상 시킬 수 있다. 그러므로 산업용 가스와 특수 가스를 누구라도 쉽게 현장에서 적용할 수 있도록 가스의 취급 방법을 소개하고자 한다.

마지막으로 오랜 병환으로 누워 계시는 아버님과 간호하시는 어머님께 이 책의 출간이 작으나마 기쁨이 되었으면 좋겠다.

목 차

Chapter 1. *가스의 분류 및 정의*

일반적으로 가스를 상업적으로 분류할 때, 산업용 가스와 특수 가스로 구분한다. 산업용 가스란 대기 중의 주요 구성 성분인 산소 · 질소 · 아르곤 및 미량 구성 요소인 이산화탄소 · 헬륨 · 수소 등을 의미한다. 즉 주변에서 쉽게 반응을 거치지 않고 접할 수 있는 가스들이라고 이해하는 것이 좋다. 특수 가스란 일상 대기 중에 존재하지만 그 구성 비율이 매우 희박한 가스(네온, 제논, 크립톤 등), 일상 자연환경에서는 존재하지 않는 삼불화 질소, 실란 등, 그리고 자연 상태에서는 존재하지 않는 특정 구성 비율을 가진 가스(예: 10% O_2/N_2)와 초고순도로 정제된 산업용 가스들로 구성되어 있다.

특히 반도체와 LCD 제조 공정 등 전자 산업용으로 사용되는 특수 가스들을 일반적으로 Electronics Specialty Gas(ESG)라고 부른다. 이들 전자 산업용 특수 가스는 매우 높은 순도의 품질이 요구되고 있다.

표 1-1 공기의 성분과 그 성질

성분	분자식	부피 백분율(%)	끓는점($^\circ C$)	물 1부피에 용해되는 부피 (1기압, 20℃)
질소	N_2	78.08	−196	0.015
산소	O_2	20.95	−183	0.031
아르곤	Ar	0.934	−186	0.034
이산화탄소	CO_2	0.031	−79(승화점)	0.88
네온, 헬륨,크립톤, 크세논	Ne, He, Kr, Xe	0.005		

또한 용기 내 가스 제품의 물리적 성상에 따라 액화 압축가스(Liquefied Compressed Gas)와 비 액화 압축가스(Non-Liquefied Compressed Gas)로도 분류한다. 가스를 취급할 때 용기 내의 제품 성상은 가스의 사용 및 관리, 누출 시 비상 대응방안을 선택하는 데 매우 중요한 요소로 작용하게 된다. 일반적으로 사용되는 용기 내에 액상 부분이 존재하면 액화 압축가스로, 용기 내에 가스만 존재하는 경우에는 비 액화 압축가스로 이해하면 된다.

고압가스 안전관리법 시행규칙 제2조에 의한 특수 가스에 대한 정의는 다음과 같다.

"'특수 고압가스'란 압축 모노실란·압축 디보레인·액화 알진·포스핀·세렌화 수소·게르만·디실란 및 그 밖에 반도체의 세정 등 지식경제부 장관이 인정하는 특수 용도에 사용되는 고압가스를 말한다."

Chapter 2. *공기 분리기*

 그동안 도시가스, LPG 등의 가스 설비에 대하여 설명이 되어 있는 책은 발간되었으나, 공기 분리기에 대해서는 그 정보가 부족하다. 그러므로 여기서 간략하나마 이해를 돕고자 한다.

 공기 분리기(ASU, Air Separation Unit)란 대기 중의 공기를 분리하여 질소, 산소 및 아르곤을 생산하는 설비를 지칭한다. 매우 낮은 온도($-150°C$ 또는 이하)로 운전하면 서로간의 끓는 점에 차이가 생기는데, 그 차이를 이용하여 분리하는 공정이다.

 이 기기는 사용 목적에 따라 질소 · 산소 및 아르곤을 모두 생산할 수도 있고, 질소 또는 산소만을 별도로 생산할 수도 있다. 공기분리 장치는 압축, 정제, 냉각과 정류 과정을 거친다. 증류탑에서 공기는 매우 낮은 온도에서 증류에 의해 각 기체로 분리된다. 공정에서 산소 21% 이하의 공기는 수증기와 이산화탄소를 제거하고, 이 공기를 압축하고 액화 온도까지 냉각시켜 분별 증류를 이용해 산소, 질소, 아르곤으로 분리한다. 각각의 기체들은 산업용, 의학용, 특수용, 산업용 등 다양한 용도로 사용된다.

표 2-1 대표적인 건조공기의 조성

성 분	농 도
질소(Nitrogen)	78.084 vol%
산소(Oxygen)	20.946 vol%
아르곤(Argon)	0.934 vol%
네온(Neon)	18.18 ppmv
헬륨(Helium)	5.24 ppmv
크립톤(Krypton)	1.14 ppmv
제논(Xenon)	0.087 ppmv

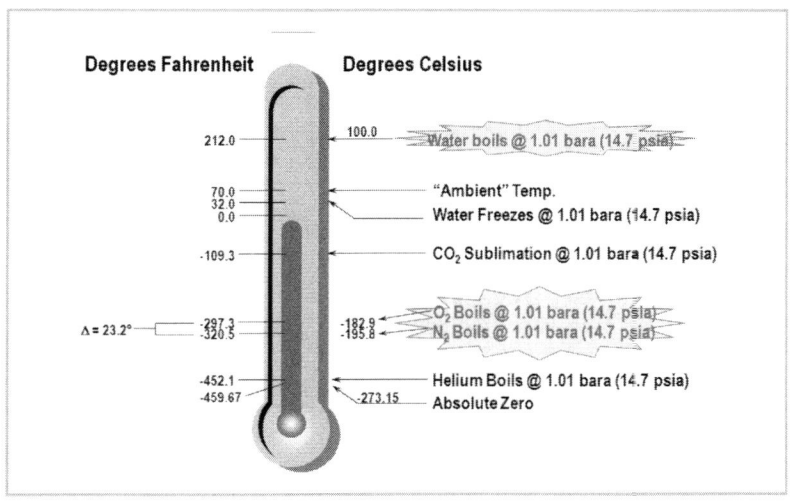

그림 2-1 공기의 주요 성질

2.1 공기 분리기의 분리 공정

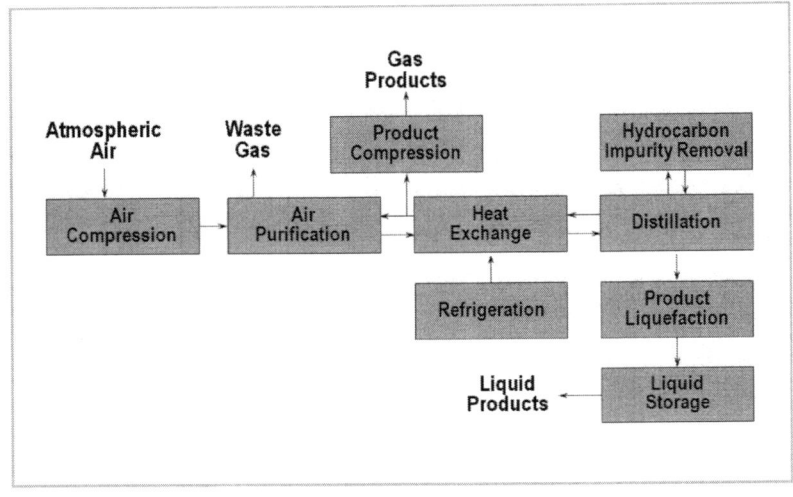

2-2 공기분리 공정표

(1) 공기 압축(Main Air Compressor)

원료 공기를 여과기(Inlet Air Filter)를 통과시켜 압축기를 보호하기 위하여 먼지를 제거하고 약 5~10kg/㎠g까지 압축한다. 보통 압축기(Main Air Compressor)는 3~4단의 원심 압축기가 주로 사용된다. 압축된 공기는 쿨러(Cooler)를 통과하면서 온도를 약 40~50℃까지 낮추어 공기 내부에 포함되어 있던 수분을 제거한다.

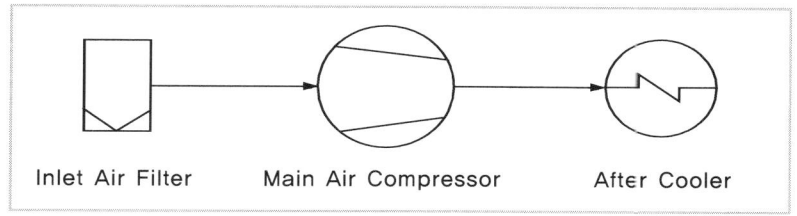

Inlet Air Filter   Main Air Compressor   After Cooler

그림 2-3 공기 압축 공정

그림 2-4 Integral Geared Main Air Compressor

(2) 공기 정화(Air Purification)

원료 공기 내의 일산화탄소(CO_2) · 물(H_2O) · 탄화수소(Hydrocarbon) 및 다른 불순물을 제거한다. 이러한 물질들은 주 열 교환기(Main Heat Exchanger)의 막힘 현상을 발생시키거나 증류탑 내부의 초저온에서 고체화되어 기기 표면에 달라붙거나 충격을 주어 큰 사고의 원인이 되므로 틀림없이 제거되어야 한다.

보통 TSA(Temperature Swing Adsorption) 또는 PSA(Pressure Swing Adsorption) 방법을 사용하며 내부에 Molecular Sieve/Alumina를 채우고 스폰지가 물을 빨아들이듯이 상기의 불순물질을 다공성 물질의 미세한 구멍내부에 흡착시킨다. 흡착된 물질은 재생(Regeneration) 공정을 거쳐 원래대로 복귀된다.

재생이라 함은 흡착제 다공 부분이 제거하고자 하는 물질로 가득 차서 더 이상 정상적인 불순물 제거 효율을 나타내지 못할 때, 많은 양의 공기를 거꾸로 투입하여 이 내부의 불순물을 제거함으로써 흡착제의 성능을 원래대로 복귀시키는 과정을 의미한다. 재생에 필요한 공기의 유량은 통과 유량의 약 10~30% 정도로 다양하다.

이렇게 재생에 사용되는 공기는 생산에 참여하지 않으므로 압축기 선정 시 필요한 생산량에 재생에 필요한 공기를 고려하여 선정해야 한다.

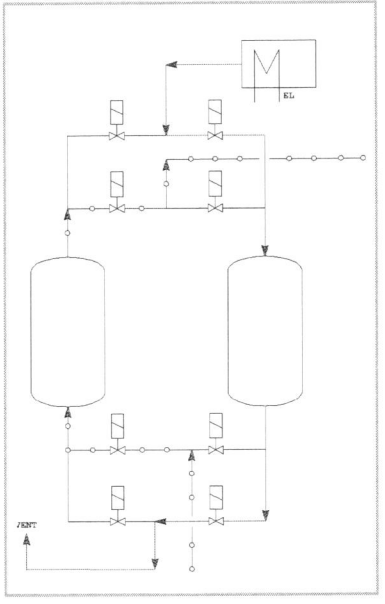

그림 2-5 공기 정화 공정

(3) 주 열 교환기(Main Heat Exchanger)

불순물이 제거된 공기는 주 열 교환기를 거치면서 거의 포화증기 온도(-170℃ 근처)까지 증류탑에서 발생된 차가운 질소 또는 산소와의 에너지 교환을 통하여 낮추고, 질소 또는 산소는 거의 대기 온도로 빠져나가게 된다. 증류탑에서 가져온 차가운 에너지를 증류탑으로 도입되는 공기와 열 교환을 하여 최대한 에너지 이용을 증가시키는 것이 목적이다.

주로 플래이트(Plate Fin Exchanger) 형태의 열 교환기를 사용하여 열 교환 면적을 작게 하며, 여러 종류의 흐름이 함께할 수 있도록 한다.

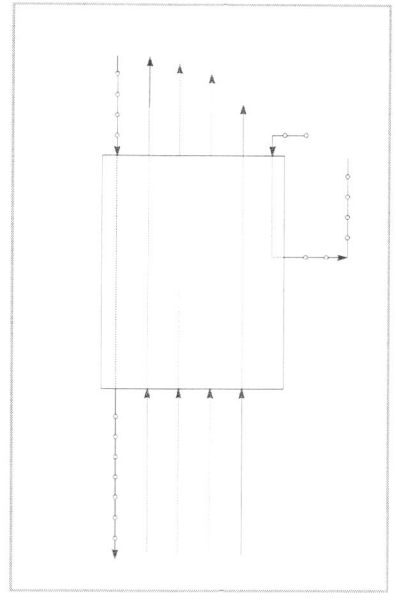

그림 2-6 주 열 교환기

(4) 냉동(Refrigeration)

공기를 액화시키거나 생산품(주로 산소)을 액화시키고 콜드박스(Coldbox)에서 외부로 빠져나가는 차가운 에너지를 보충하기 위한 장

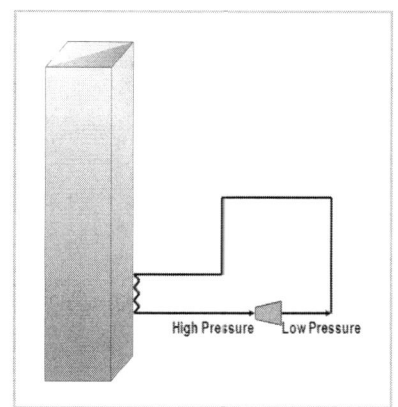

그림 2-7 냉동

치이다. 냉동은 높은 압력의 가스(주로 질소)를 낮은 압력으로 낮추면서 Joule-Thomson 효과를 이용하여 얻어지는 차가운 에너지를 이용하는 방법에 의해, 또는 직접 차가운 액체 질소를 내부에 투입함으로써 실현된다.

(5) 증류(Distillation)

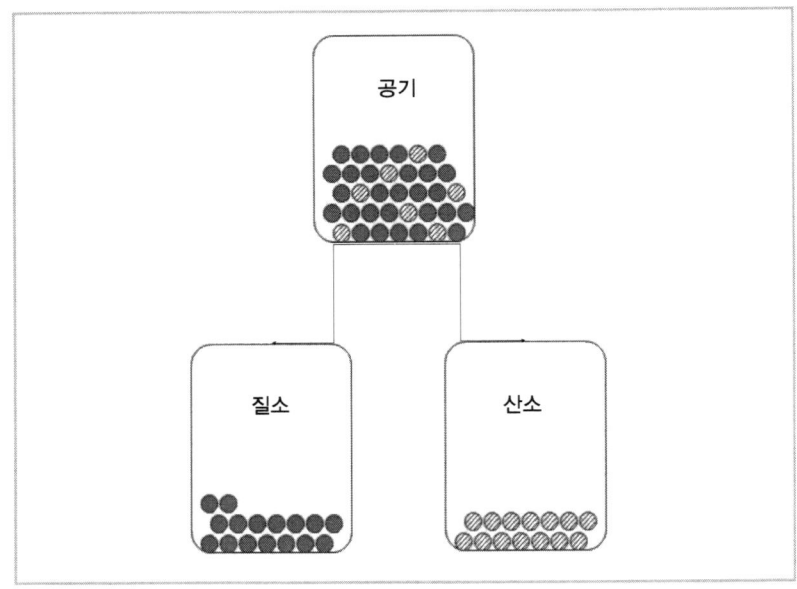

그림 2-8 증류

증류탑으로 도입된 공기는 최종적으로 탑 상부로는 끓는점이 낮은 질소, 탑 하부로는 끓는점이 높은 산소로 분리하여 생산하는 기기를 의미한다. 증류탑은 보통 5.0~10.0kg/㎠g로 운전되는 고압 증류탑과 1.0~2.0kg/㎠g의 압력으로 운전되는 저압 증류탑으로 구성되어 있다.

증류탑 내부는 기·액 평형을 이루기 위한 트레이(Tray) 또는 패킹

(Packing)으로 구성되어 있다. 요 근래에는 단위 높이 당 이론단수 (Theoretical Stage)가 많고 압력 손실이 적으며 넓은 운전 범위를 가지고 있은 패킹이 주로 사용되고 있다.

그림 2-9 Sieve Tray & Structured Packing

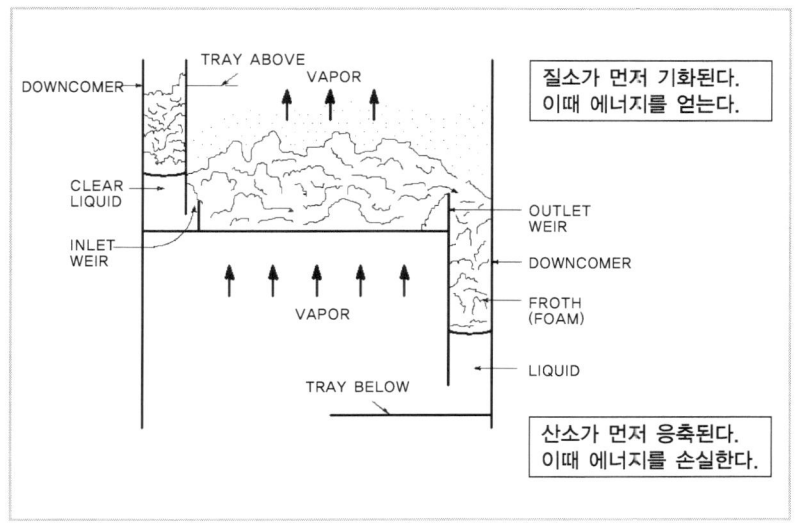

그림 2-10 증류탑 내부

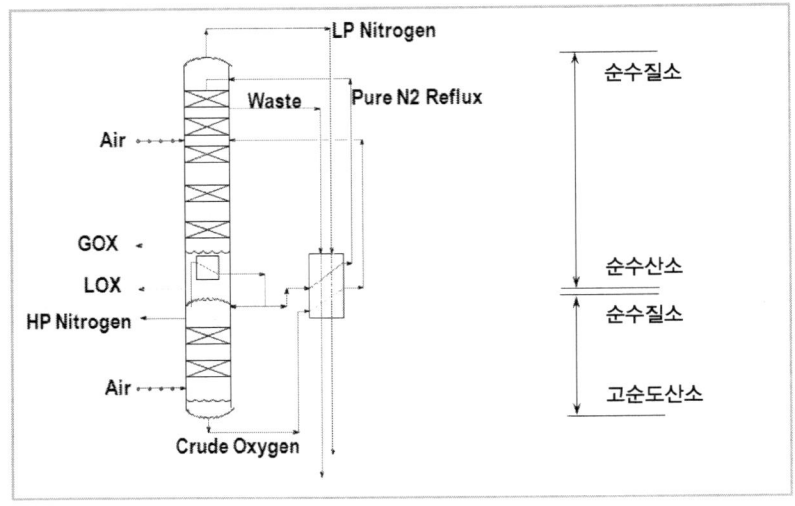

그림 2-11 증류 공정

(6) 액체 저장 및 기화(Liquid Storage & Vaporization)

보통 질소·산소는 공기 분리기에서 배관을 이용하여 바로 수요처로 공급되는데 여러 가지 이유, 즉 공장 전체 정비, 예측하지 못한 비상 상황 발생 등으로 인하여 공기 분리기의 운전이 정지되는 경우가 발생한다. 이 경우를 대비하여 각 공장에서는 액체 질소 또는 산소 저장 탱크를 구비하고 공기 분리기의 운전 정지 시 자동적으로 가스가 흐르도록 하는 백업(Backup)을 할 수 있는 설비를 해야 한다.

액체 질소·산소의 저장 용량은 정비에 소요되는 기간 또는 비상 상황 발생 시 대처할 수 있는 외부로부터의 공급 가능 시간을 포함하고, 주변 설비로부터 얼마나 신속히 필요한 양을 공급할 수 있느냐에 따라 상당히 차이가 발생한다.

또한 주요 설비들의 예비품 현황, 위치, 주변 상황 등을 복합적으로 고려하여 결정해야 한다. 저장 탱크의 용량이 클수록 운전 등의 용이성과 대처 능력이 좋아지지만, 투자비가 많이 들고 대기로 증발되어 발생되는 손실이 많아지므로 이들을 모두 고려하여 가장 경제적인 크기를 선정해야 한다.

액체 질소 · 산소 · 아르곤 등을 저장하는 저장 탱크의 종류로는 저압 저장 탱크(Low Pressure Tank) 또는 고압 저장 탱크(High Pressure Tank)로 구분할 수 있다

이들의 차이는 저장 압력이다. 저압 저장 탱크는 거의 대기압에서 운전되나 사용처의 압력에 맞도록 다시 펌프를 이용하여 가압을 해주는 설비 및 기화시켜 주는 설비가 필요하다. 또한 낮은 압력으로 운전을 해야 하므로 대기로 발생되는 기체의 손실이 고압 저장 탱크보다 많다. 보통 저압 저장 탱크에서 하루에 기체로 발생되어 손실되는 양은 최대 0.2% 정도이다.

그러나 많은 양의 액체를 저장하는 경우, 고압으로 사용하면 용기의 두께가 감당할 수 없을 정도로 증가하여 투자비를 감당할 수 없으므로 보통 1000㎥ 이상이 되면 저압 탱크를 사용하는 것이 좋다.

그림 2-12 고압 저장 탱크

그림 2-13 저압 저장 탱크

기화기는 대기 식, 물순환 식, 스팀 공급 식, 직화 식 등으로 구성할 수 있다. 그 중에서 대기 식 기화기로 설치하는 것이 가장 안정적이지만, 설치 공간의 제약이 있으므로 설치 공간이 부족한 경우 다른 종류의 기화기를 선택해야 한다.

대기 식 기화기의 경우 차가운 액체 질소 또는 산소가 대기의 공기와 접촉하면서 기화기 외부에 성에가 발생하여 열 교환 면적을 줄이므로, 이러한 사실을 충분히 고려하여 설

그림 2-14 대기 식 기화기

계해야 한다. 또한 주변 공기를 냉각시켜 운무를 발생케 하여 피해를 일으킬 수 있으므로 충분한 공간을 확보하고, 자연 통풍이 잘 이루어지는 장소에 설치하는 것이 중요하다.

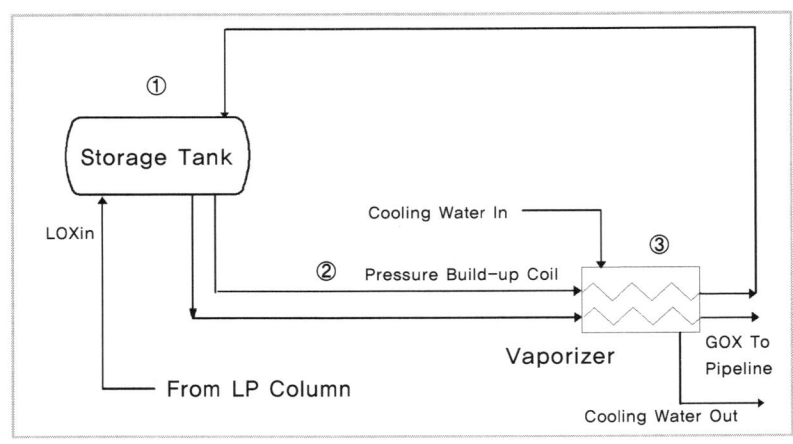

그림 2-15 액체 저장 및 기화

(7) 콜드박스(Coldbox)

공기 분리기는 초저온에서 운전되므로 대기 중으로 차가운 에너지를 빼앗기게 된다. 이를 방지하기 위하여 초저온으로 운전되는 기기(주 열 교환기, 증류탑, Expander 등)들을 커다란 박스(Box) 형태의 상자 안에 설치하고 철판으로 보호한 후, 보온재(보통 락울 또는 펄라이트 사용)를 투입하여 내부의 차가운 에너지가 외부로 빠져나가지 못하도록 최대한의 보호를 목적으로 제작한 기기이다. 이것은 보통 용량이 큰 공기 분리기에 적용되며, 용량이 작은 공기 분리기에는 진공 보온을 한다.

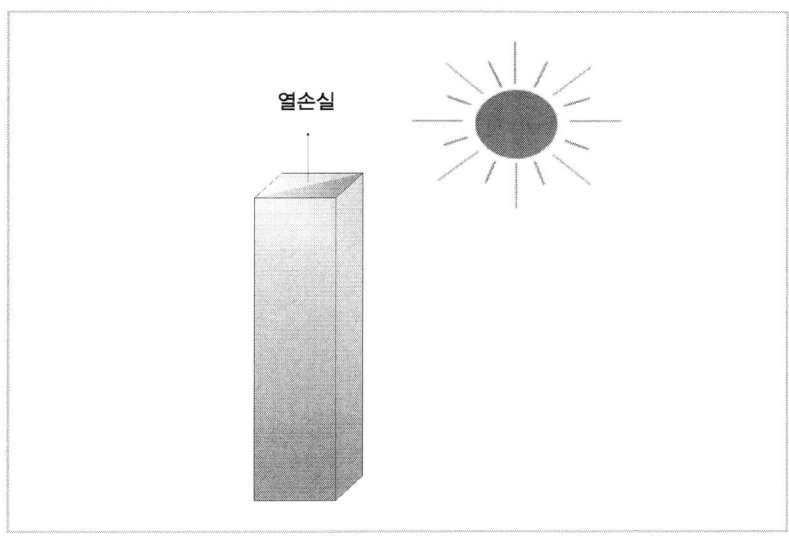

그림 2-16 콜드박스 형태

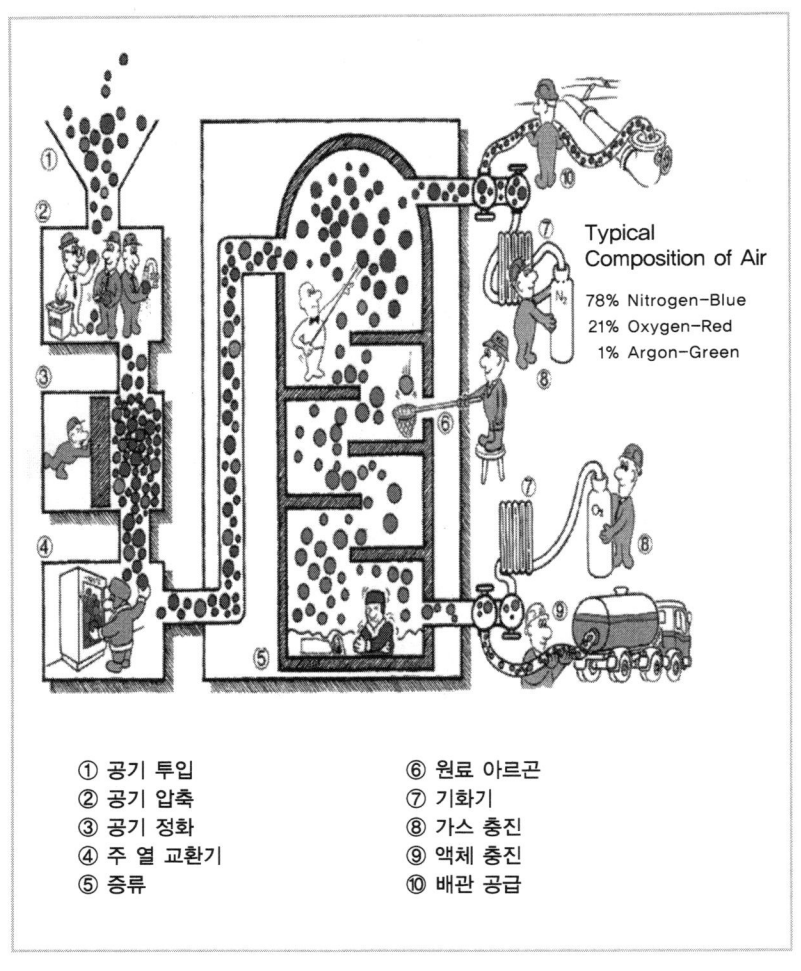

Typical
Composition of Air

78% Nitrogen-Blue
21% Oxygen-Red
1% Argon-Green

① 공기 투입   ⑥ 원료 아르곤
② 공기 압축   ⑦ 기화기
③ 공기 정화   ⑧ 가스 충진
④ 주 열 교환기   ⑨ 액체 충진
⑤ 증류   ⑩ 배관 공급

그림 2-17 간략하게 본 공기 분리기 원리

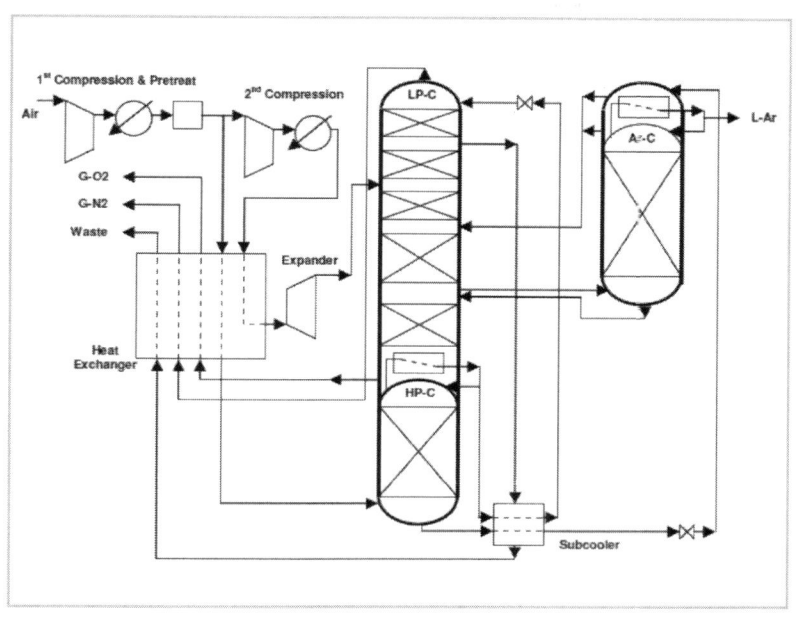

그림 2-18 공기 분리기 조감도

2.2 공기 분리기의 안전 고려

공기 분리기의 설계 및 운전 시 고려해야 할 안전 사항은 다음과 같다.

(1) 빠른 산화 반응

대부분의 공기 분리기는 정상운전 시 및 비 정상운전 시에도 내부에 많은 산소를 포함하고 있다. 대기 중에는 여러 종류의 불순물이 포함되어 있는데, 이 중 탄화수소 기체는 연료 역할을 하여 화재 또는 폭발을 일으킬 수 있고, 일산화탄소 또는 이산화탄소는 공기 분리기 내부에서 고체화되어 불순물 부딪힘 현상(Particle Impingement)으로 화재 또는 폭발의 점화원으로 작용할 수 있다.

이는 공기 정화 과정에서 완벽하게 제거되는 것을 확인하고 증류 과정으로 투입되어야 한다. 그러나 낮은 끓는점을 가지고 있는 프로판, 에탄, 에틸렌 및 메탄 등은 이 과정에서 제거되지 않고 증류탑으로 이송된다. 이렇게 투입된 탄화수소 기체는 증류탑 내부에 축적되어 큰 사고를 일으킬 수 있으므로 일정량(약 0.2%)의 산소를 연속적으로 퍼지하는 공정을 거쳐 제거한다.

(2) 산소 압축기(Oxygen Compressor)

산소 압축기에는 상당히 고순도의 조연성 가스인 산소가 포함되어 있으므로 그로 인한 위험이 항상 내포되어 있다. 적절한 재질을 선정하고, 산소 기체를 일정 속도 이하로 운전하며, 내부의 이물질을 철저히 제거하여 이러한 위험에서 벗어나도록 해야 한다.

(3) 액체 배관의 기화

액체 질소 · 산소 배관을 사용하지 않고 정체되어 있는 경우에는 내부의 초저온 기체가 아무리 보온을 잘 수행한다고 하더라도 외부 공기에서 제공되는 에너지로 인하여 기화된다. 기화된 기체 질소 · 산소는 내부에 과압을 발생시켜 배관에 손상을 일으키고 외부로 누출되어 2차 위험까지 일으킬 수 있다. 그러므로 액체가 정체될 수 있는 모든 부위에는 열팽창을 고려한 안전밸브를 설치하여 설계 압력 또는 그 이하에서 배출할 수 있도록 해야 한다.

(4) 산소

산소로 인하여 발생되는 위험은 산화성 기체 부분에 보다 자세한 언급이 나와 있으므로 이를 참조하도록 한다. 산소 기체 배관 재질과 관련해서는, 카본 스틸(Carbon Steel) 배관은 약 200℃ 이하 및 3.5kg/㎠g 이하인 경우 사용을 추천하고, 그 이상인 경우에는 스테인리스(Stainless Steel)를 추천한다. 또한 카본 스틸 배관을 사용하는 경우 배관 내의 기체 산소 속도를 10m/sec 이하로 하는 것을 추천한다.

Chapter 3. *가스의 유해성*

가스를 포함한 화학물질의 유해성을 알기 위해서는 미국 교통부 유해성 분류(Department Of Transportation HAZARD CLASSES, 이하 DOT 유해성 분류)의 체계를 이해하면 도움이 된다. 가스 물질에 대한 DOT 유해성 분류는 크게 5가지로 나누어 생각할 수 있다. 즉 불연성(Non-Flammable), 가연성(Flammable), 산화성(Oxidizer), 독성(Toxic) 및 부식성(Corrosive) 등이 그것이다. 이러한 자료는 주위에서 쉽게 구하거나 접할 수 있으나, 가장 기본이 되는 지식이므로 충분히 이해하는 것을 강조하고자 한번 소개하도록 한다. 이런 기본 지식 없이 가스 및 가스를 다루는 설비를 설계, 취급한다는 것은 모래 위에 성을 쌓는 것과 같이 아주 위험한 행위이기 때문이다. 이들 유해성 분류에 따른 특징은 다음과 같다.

그림 3-1 미국 교통부 유해성 표지 분류

3.1 불연성(Non-flammable)

불연성 가스는 말 그대로 연소가 되지 않는 가스를 의미한다. 대표적으로 질소 · 헬륨 등의 산업용 가스와 제논 · 크립톤 · 육불화황 등의 특수 가스가 불연성 특징을 가지고 있다. 불연성 가스의 마크는 그림 3-1에서 보는 바와 같이, 초록색 다이아몬드 모양의 라벨로 표기된다. 이들 가스는 매우 안정적이며 쉽게 접할 수 있는 물질들이어서, 사용자가 취급하기에 가장 안전하다고 인식하기 쉬운 제품들이다. 하지만 취급 및 사용 시 가장 큰 위험성을 지닌 가스로 취급되어야 한다.

이들 물질은 'Lowest Hazard But Highest Risk(유해성은 가장 낮지만, 가장 위험한 가스)'로 인식되어야 한다는 의미이다. 불연성 가스는 무취·무미·비자극성의 특징을 가지고 있으므로, 실내에서 가스 누출이 발생한 경우 적절한 환기와 감지기를 통한 작업자 보호가 이뤄지지 않으면 산소 결핍 환경이 유발되어 치명적인 결과를 초래할 수 있다. 따라서 이들 가스와 관련된 사고는 죽느냐 사느냐의 문제이므로, 이들 가스를 실내에서 취급하는 사업장에서는 반드시 환기와 산소 농도 감지를 통한 작업자 보호가 반드시 이뤄져야 한다.

1992년부터 2002년까지 미국에서 불연성 가스, 특히 질소로 인한 사고 통계를 살펴보면 85건의 질소관련 사고가 발생하였으며, 80여 명이 질식으로 사망하고 50여 명이 상해를 입을 정도로 상당히 고 위험성을 가지고 있다. 그러므로 이러한 물질을 취급하는 경우에는 항시 실내를 감지할 수 있도록 해야 한다.

■ 산소 결핍 환경이 인체에 미치는 영향

19.5%	최소 작업 가능 수치(미국 산업안전보건청(OSHA) 기준)
15~19.5%	작업 능률 감소, 호흡 곤란
12~14%	맥박, 호흡 속도 증가 및 판단력 감소
10~12%	호흡, 맥박이 더욱 빨라짐, 판단력 저하, 입술이 파래짐
8~10%	정신 혼미, 의식불명, 구토
6~8%	8분 이상 노출 시 100% 사망, 6분에서 50% 사망, 4~5분 노출 시 회복 가능
4%	40초 내 의식불명, 사망 유발

또한 용기 내에 저장된 가스는 높은 압력 에너지를 가지고 있으므로 용기 전도로 인해 밸브가 파손되면 위험한 상황을 초래할 수 있다. 따라서 용기를 사용하지 않을 때는 반드시 밸브 보호용 캡을 설치하여 보관해야 하며, 사용 중의 용기는 반드시 전도를 방지하기 위해 적절하게 묶여 있어야 한다.

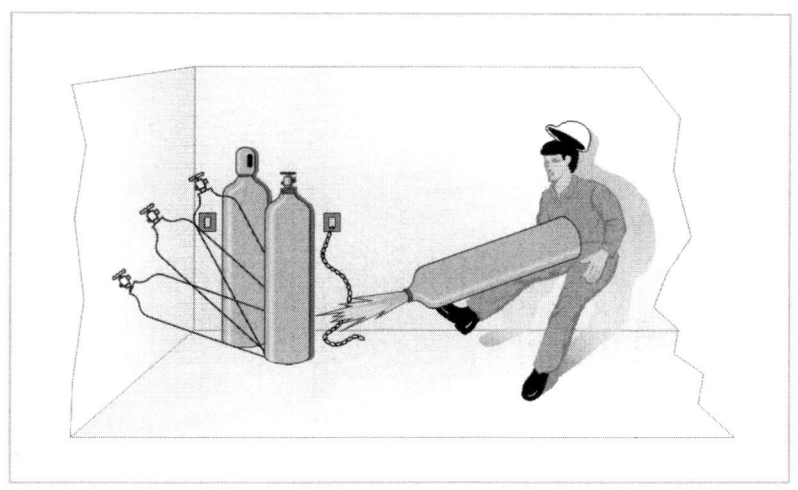

그림 3-2 실린더 내부의 높은 압력이 분출되면서 로켓화

3.2 가연성(Flammable)

가연성 가스는 불연성 가스가 가지는 유해성(질식과 압력)에 추가적으로 화재 또는 폭발을 일으키는 성질을 지니고 있다. 가연성 가스 누출이 발생한 후 점화가 일어나지 않으면 불연성 가스와 동일한 질식 유해성을 유발할 수 있으므로, 이들 가스의 누출 발생 시에도 산소 농도를 확인해야 한다. 이것은 매우 중요한 안전 요소로 인식해야 한다.

가연성 가스의 유해성을 인식할 때의 주요 인자로는, 대기 중에서의 연소 범위(Flammable Range In Air), 자연발화 온도(Auto Ignition Temperature, AIT), 비중(Gravity) 등 세 가지가 있다. 이 세 가지 요소만 정확히 이해하고 있다면 화재, 폭발, 질식 등의 위험에서 벗어날 수 있으므로 이는 열 번 강조해도 부족함이 없다.

예를 들어 연소 범위를 벗어나는 범위에서 가연성 가스를 취급하면 화재 또는 폭발로부터 안전할 수 있고, 자연발화 온도 이하로 취급하면 그 위험성을 현격히 낮출 수 있다. 비중이라 함은 단위 부피 당 무게를 나타내는 의미이다. 즉 만일 공기보다 무거운 물질이라면 가연성 가스를 취급하는 지점보다 낮은 위치를 중점적으로 관리하고, 공기보다 가벼운 물질이라면 가연성 가스를 취급하는 지점보다 높은 위치를 중점적으로 관리함으로써 그 위험성을 쉽고 빠르게 감지할 수 있기 때문이다.

연소 범위는 대기 중의 공기와 가스가 혼합되었을 때 연소 가능한 범위를 의미하는 것으로, 연소 하한계(Low Flammable Limit, LFL)와 연소 상한계(Upper Flammable Limit, UFL)로 구성된다. 예를 들어 주위에서 쉽게 접할 수 있는 LPG 실린더 내부에 라이터를 이용하여 점화를 시키면 화재가 발생한다고 생각할 수 있으나, 이 실린더 내부는 연소 상한계 이상으로 가연성 가스가 존재하고 조연성 가스, 즉 공기가 희박하여 화재 또는 폭발을 일으킬 수 없다. 그러므로 가연성 가스 취급 시 연소 상한계 이상 또는 연소 하한계 이하에서 취급을 하면 이러한 위험에서 해방될 수 있다.

자연발화 온도는 점화원 없이 외기의 온도에 의해 전달된 에너지만으로도 충분히 연소가 일어나는 온도를 의미한다. 실란, 포스핀 같은 자연발화 가스(Pyrophoric Gas)는 자연발화 온도가 상온보다 낮은 가스들로서, 일상 상태에서 대기 중에 노출되면 점화원 없이도 연소가 발생한다.

비중은 이들 가스를 취급 및 저장하는 장소의 누출 감지기 설치에 고려해야 하는 인자이다. 무거운 가스는 누출 잠재원에 인근하여 바닥 쪽에, 가벼운 가스는 상부 쪽에 누출 감지기를 설치해야 한다. 이들 가스의 연소 위험성을 제어하기 위해서 가연성 가스 사용 및 보관 지역의 전기 시설들은 규정에 적합한 방폭 시설들을 이용해야 한다. 또한 적절한 개인 보호구(방염복·가죽장갑·안전안경·안면 보호대 등)를 착용하여 이들 유해성으로부터 작업자를 적극적으로 보호하도록 해야 한다.

그림 3-3 2005년 3월 23일 미국 BP AMOCO 폭발 사고

고압가스 안전관리법 시행규칙에 의하면 '가연성가스'란 아크릴로니트릴·아크릴알데히드·아세트알데히드·아세틸렌·암모니아·수소·황화수소·시안화수소·일산화탄소·이황화탄소·메탄·염화메탄·브롬화메탄·에탄·염화에탄·염화비닐·에틸렌·산화에틸렌·프로판·시클로프로판·프로필렌·산화프로필렌·부탄·부타디엔·부틸렌·메틸에테르·

모노메틸아민 · 디메틸아민 · 트리메틸아민 · 에틸아민 · 벤젠 · 에틸벤젠 및 그 밖에 공기 중에서 연소하는 가스로서 폭발 한계(공기와 혼합된 경우 연소를 일으킬 수 있는 공기 중의 가스 농도의 한계를 말한다. 이하 같다)의 하한이 10% 이하인 것과 폭발 한계의 상한과 하한의 차가 20% 이상인 것을 말한다.

표 3-1 가연성 가스의 대표적인 성질

특 성	Arsine	Diborane	Germane	Hydrogen Selenide	Phosphine
Molecular Formula	AsH3	B2H6	GeH4	H2Se	PH3
Molecular Weight	77.95	27.67	76.62	80.98	34.0
Flammable Range Volume % in Air	4.5~64%	0.8~98%	8~30%	4.5~67.5%	1.6~95%
Autoignition Temperature	제정되지 않음	−44°F	190°F	제정되지 않음	< 32°F
Specific Gravity(air=1)	2.691	0.955	2.66	2.12	1.174

3.3 산화성(Oxidizer)

산화성 가스란 주변 물질의 연소 및 반응을 촉진하는 특징을 가진 가스를 말한다. 대표적인 것으로 산소 · 삼불화질소 · 아산화질소 · 불소 · 염소 등이 있다. 산화성 가스의 유해성은 이들 가스의 농도가 높아지면 급격하게 연소성과 반응성을 폭발적으로 증가시키는 데 있다.

일반적으로 산소 농도가 23.5%를 초과하는 환경부터 산스 농도 과잉 환경으로 부른다. 이들 산화제 농도가 높아진 상태에서 가연성 가스들의 연소 범위는 일반 대기 중에서의 범위보다 넓어지게 되며, 또한 자연발화 온도도 낮아져 화재 발생의 우려가 상당히 높아진다. 더욱이 과잉산소는 동맥경화, 고혈압, 골다공증 등의 발병 위험도를 증가시키며, 강력한 산화작용으로 노화를 촉진하고 암을 유발하기도 한다.

그림 3-4 산소 압축기의 폭발

또한 평소에는 연소가 잘 되지 않는 금속성 물질도 산화성 물질의 농도가 높은 곳에서는 연소가 잘 일어날 수 있다. 따라서 산화성 가스를 이용하는 시설 및 배관은 이들 물질과의 적합성(Compatibility) 여부를 사전에 확인해야 하며, 또한 산화성 가스를 취급하는 장소에서의 비정상적인 점화원의 특징을 알고 있어야 한다. 비정상적인 점화원에 대하여 살펴브면, 일반적으로 화재가 발생하기 위해서는 연료, 산화제, 점화원이 있어야 한다. 하지만 산화성 물질을 이용하는 장소에는 이미 높은 농도의 산화제와 연료(탄화수소 화합물·배관·장비 등)가 기본적으로 제공되므로 연소를 일으킬 수 있는 점화원을 관리하는 것은 매우 필요하다.

산화제를 사용하는 장소에서는 연소성이 높아지기 때문에 매우 낮은 착화 에너지만으로도 쉽게 연소가 폭발적으로 발생할 수 있다. 일상 상태에서 충분한 점화 에너지를 공급할 수 없는 낮은 에너지가 발생하는 비정상 점화원으로는, 가스 유속에 의한 불순물 부딪힘 현상(Particle Impingement), 유체와 배관 재질 내부와의 마찰력(Friction), 유체의 부피가 급속히 줄어들어 높은 에너지를 유발시키는 단열압축 현상(Adiabatic heat of compression), 오염물질(특히 오일류)와의 접촉(Contamination) 등이 있다.

표 3-2 공기 중 및 산소 가스 중에서의 각종 가연성 물질의 연소성 비교

		에틸렌	암모니아	수소	메탄
연소 범위(%)	공기 중	12~40	15~28	4~75	5~15
	산소 중	7.5	15~79	4~94	5.1~59
		가솔린	기름	중유	쓰레기
발화 온도(℃)	공기 중	383	432	424	310
	산소 중	272	251	256	280
		수소	메탄	아세틸렌	
화염 온도(℃)	공기 중	2045	1875	2325	
	산소 중	2660	2930	3135	

Particle Impingement는 유체의 빠른 속도로 인하여 배관 내부에 떠다니던 고형물(Particle)이 배관 내부의 특정 부위를 타격하면서 발생하는 에너지가 점화를 일으키는 현상을 말한다. 따라서 이러한 현상을 예방하기 위해서는 유체의 흐름 속도를 적절히 제어하고, 산화성 가스를 사용하는 장비 내부의 불순물을 초기에 제거하는 절차가 필연적이다. 유체와 배관 내부의 마찰력에 의한 유해성을 제어하기 위해서는 마찰력을 줄일 수 있는 적절한 재질의 배관을 선정하고 유체 흐름 속도를 제어해야 한다. 단열압축에 의한 점화는 유체의 흐름이 빠르거나 높은 압력에서 낮은 압력으로 밸브의 여닫음을 급속히 작동하는 경우에 발생한다.

순간적으로 밸브가 열리면 고압의 유체는 매우 빠른 속도로 배관 내부를 흐르게 되며, 배관의 막혀 있는 부위(예: 밸브 등)에서 단열 압축이 유발되어, 밸브 시트와 개스킷 등에서 점화가 발생한다. 따라서 이러한 현상을 예방하기 위해서는 밸브 작동 시 천천히 열고 닫아야 한다. 급격히 열고 닫을 수 있는 볼밸브는 산화성 가스 시스템에서는 사용하지 않도록 한다. 마지막으로 오염물질에 의한 점화는 산화성 가스를 사용하는 시스템에서 쉽게 발생할 수 있는 화재의 예로서, 오일 등으로 오염된 부위에 산화성 가스가 흘러가면서 착화가 발생하는 것을 의미한다. 따라서 이를 예방하기 위해서는 장비를 사용하기 전에 배관 내부의 오일 및 불순물을 제거하기 위한 세정 작업을 거쳐야 한다.

그림 3-5 2009년 11월 4일 일본 미쓰이 NF3 공장 폭발 사건

3.4 부식성(Corrosive)

부식(Corrosion)이란 어떠한 환경(Environment) 속에 놓인 재료가 화학적(Chemically) 또는 전기화학적(Electrochemically)으로 퇴화(Degradation)되는 현상을 말한다.

부식성 가스는 작업자 신체와 장비에 부식을 유발하는 가스 물질로서 불화수소·삼불화붕소·염소 등이 여기에 속한다. 일반적으로 1차 유해성으로 부식성을 가지고 있기보다는, 제품의 2차 유해성 성질로 대부분 분류되고 있다.

일반적으로 용기 내에 저장된 가스는 무수 상태이므로 부식성을 지니고 있지 않다. 즉 가스가 용기로부터 인출되어 대기 중의 수분과 만나는 시점부터 부식에 의한 유해성은 발생한다고 보면 된다. 따라서 부식성 가스를 사용하는 장비는 사용 전에 수분을 제거하고 통제하는 것이 무엇보다도 중요하다. 그리고 부식성 가스를 사용하는 장비의 재질들은 반드시 취급, 사용하는 가스 물질에 적합한 것으로 선택해야 하며, 개인 보호구를 선정하여 사용할 때도 물질 별 반응성 여부를 반드시 고려해야 한다.

대부분의 부식성 가스는 독성을 지니고 있음을 또한 주지해야 한다. 대개 부식성 가스는 산성 계열의 가스와 염기성 계열의 가스로 분류한다.

산성 계열의 가스는 누출 시 대기 중의 수분과 결합하여 산성 물질을 형성하고, 염기성 계열의 가스는 염기성 물질을 형성한다. 따라서 이들 가스 누출이 발생한 장소에는 누출되는 가스를 차단한 이후에도 형성된 산성 또는 염기성 물질로 오염이 발생할 수 있으며, 이들 오염된 물질은 약산성 또는 약알칼리성 물질로 중화시켜 오염된 부위를 제어해야만 2차상해 발생을 예방할 수 있다.

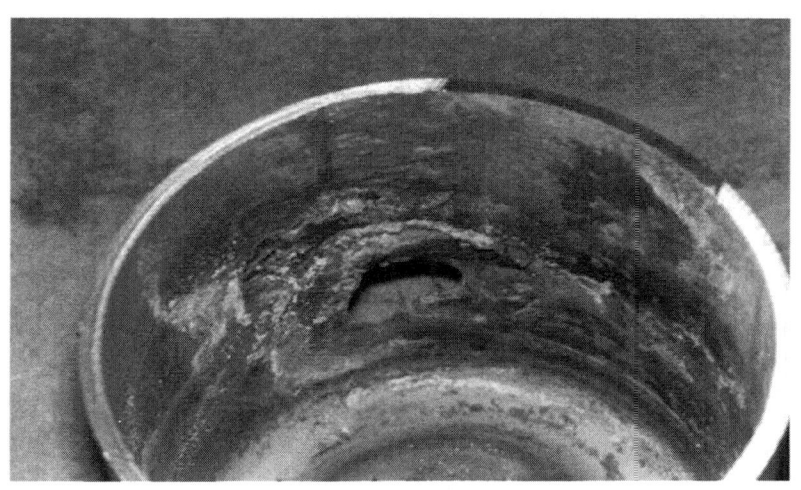

그림 3-6 배관 부식의 예

3.5 독성(Toxic)

독성학의 가장 기본적인 원리는 "해가 없는 물질은 없다. 오직 물질을 해 없이 사용하는 방법뿐이다"라는 것이다.

독성이란 생명체에 나쁜 영향을 주는 것을 의미한다. 일반적으로 독성 물질이 인체에 나쁜 영향을 미치는 경로는 흡입(inhalation), 흡수(Absorption), 섭취(ingestion) 등의 형태로 유발되며, 가스 상 독성 물질로 인한 중독 현상은 대부분 흡입에 의하여 발생하게 된다. 독성을 나타내는 인자로는 여러 종류가 사용되고 있는데, 물질안전 보건자료 또는 제품에 부착된 용기 라벨 등을 통해서 확인이 가능하다. 하지만 대부분의 작업자들은 약어로 표기되는 독성 값 인자들에 대한 이해가 낮아, 실제 작업 현장에서 물질안전 보건자료 등을 통한 독성 물질 유해성 정도를 파악하는 데 어려움이 많은 것을 본다. 그러므로 우선 독성 물질의 유해성을 나타내는 인자들에 대하여 살펴보도록 하자.

■ TLV-TWA(Threshold Limit Value-Time Weighted Average): 독성 물질 노출 허용 기준에 가장 일상적인 인자로 ACGIH(American Conference of Governmental & Industrial Hygienists, 미국 산업위생 전문가회의)에서 매년 채택하여 발표, 권장(Recommend)하는 노출 허용 기준 값이다. 이는 근로자가 유해 요인에 노출되는 경우, 노출 기준 이하 수준에서는 거의 모든 근로자에게 건강상 나쁜 영향을 미치지 않는 기준을 의미하며, 하루 근무 시간 동안의 평균값으로 노출 허용 기준을 정하고 있다. 즉 순간적으로 TLV-TWA보다 훨씬 높은 값에 노출되었다고 하더라도, 나머지 시간 동안 사무 업무 또는 휴식 등을 통하여 근무시간 8시간 동안의 평균 노출 값이 TLV-TWA 이하이면 안전하리라고 추정하는 값이다.

■ LC50(반수치사 농도 값): 화학물질을 단기 노출시켜 시험 동물 군의 50%가 2주 이내에 죽는 농도를 의미한다. 일반적으로 1시간 정도 단기 노출시키고, 10마리 흰색 시험용 쥐(수놈, 암놈 각각 5마리)를 2주간 관찰하여 결정한다. 미국과 유럽, 한국의 유해 화학물질 관리법, 산업안전 보건법, 고압가스 안전관리법에서 독성 물질(가스 포함) 분류 기준으로 활용한다.

■ IDLH(Immediately Dangerous to Life and Health): 즉시 인체에 나쁜 영향을 나타낼 수 있는 농도 값이나, 다른 사람의 도움 없이 30분간 대피할 수 있으며 노출된 가스로 인한 영구적인 장애는 발생하지 않는 값을 의미한다.(이상은 미국 NIOSH〔National Institute of Occupational Safety & Health〕에서 발표.)

위에서 언급한 독성 기준 개념은 독성 가스 누출 사고 발생 시 개인 보호구를 선정하는 데 중요한 인자로 작용한다. 예를 들면 IDLH 값을 초과하는 환경이 되면, 호흡기 보호구 중에서 방독면 착용은 금지시켜야 한다. 노출된 지역에서 작업자가 착용한 방독면은 외부 공기에 포함된 독성 물질을 흡착 또는 여과하여 제거하는 방식을 채택하고 있으므로 흡착 능력이 다하면 순간적으로 IDLH 농도 값을 초과하는 독성 물질이 작업자에게 노출될 수 있기 때문이다. 독성을 나타내는 인자별 수치를 비교하면 다음 그림과 같다.

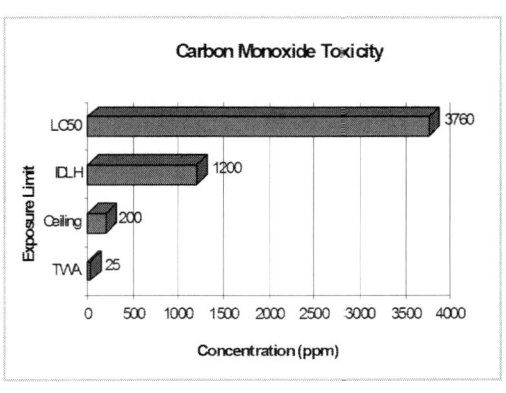

그림 3-7 일산화탄소 노출허용 기준 인자 별 수치

고압가스 안전관리법 시행규칙에 의하면 '독성 가스'란 아크릴로니트릴·아크릴알데히드·아황산가스·암모니아·일산화탄소·이황화탄소·불소·염소·브롬화메탄·염화메탄·염화프렌·산화에틸렌·시안화수소·황화수소·모노메틸아민·디메틸아민·트리메틸아민·벤젠·포스겐·요오드화수소·브롬화수소·염화수소·불화수소·겨자가스·알진·모노실란·디실란·디보레인·세렌화수소·포스핀·모노게르만 및 공기 중에 일정량 이상 존재하는 경우 인체에 유해한 독성을 가진 가스로서, 허용 농도(해당 가스를 성숙한 흰쥐 집단에게 대기 중에서 1시간 동안 계속하여 노출시킨 경우 14일 이내에 그 흰쥐의 2분의 1 이상이 죽는 가스의 농도를 말한다. 이하 같다)가 100만 분의 5,000 이하인 것을 말한다.

해당 물질이 어떤 유해성이 있는지는 반드시 물질안전 보건자료 등을 통해 살펴보아야 한다. 여러 종류의 가스가 혼합되어 있는 경우에는 이 혼합물질의 독성 여부를 판단해야 한다. 다종(A, B, C, ,,, N)의 독성 가스가 혼합된 경우의 계산은

혼합가스 허용농도(ppm) =

$$\frac{1(ppm)}{A함량\%/A허용농도 + \ B함량\%/B허용농도 + \cdots + N함량\%/N허용농도} \times 100$$

예제:

가스 종류	혼합 비율	허용 농도(ppm)
독성 가스 A	50%	150
독성 가스 B	10%	50
비 독성 가스 C	40%	∞

위의 계산 결과에 의해 혼합가스 허용 농도가 187.5ppm로 기준 값인 5000ppm 이하이므로 독성 가스에 해당된다.

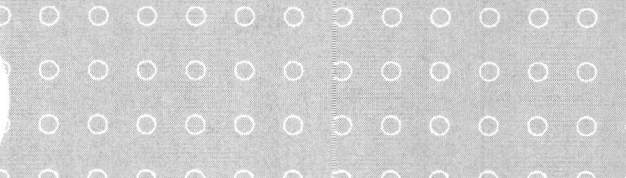
Chapter 4. 가스 설비의 안전 설계 및 취급

4.1 실린더 캐비닛(Cylinder Cabinet)

반도체 제조 공정에서 사용하는 위험성 높은 가스가 충전된 실린더를 안전하게 보관하고, 일정 압력 및 일정량의 가스를 가스분배 장치(VMB) 같은 주된 장비까지 공급해 주며, 비상시 자동 차단되고 배기되도록 구성된 가스의 안전 공급 장비이다.

제조 공정상 가스 누설의 확률이 가장 높은 작업은 용기의 연결, 분리에 따른 작업 시라고 생각된다. 안전성을 높이기 위해 특별히 이 용기수납 상자를 사용하고 있다.

SEMATECH(SEmiconductor MAnufacturing TECHogy, 미국 반도체 제조기술 연구조합)에 의하면 용기의 연결 및 분리 작업에서 발생되는 사고가 전체의 약 30%를 차지한다고 한다. 즉 이러한 행위만을 제거함으로써 사고의 위험성을 30% 줄일 수 있는 셈이다. 주로 강판제로 안을 볼 수 있도록 유리 등으로 만들어진 상자 안에는 누설검지 경보기의 검지 센서가 부착되어 있어 가스 누설 시 경보를 울려주고 가스 공급을 자동적으로 차단하는 기능(밸브)이 있다. 또한 용기의 밸브를 자동으로 개폐(버튼 조작)하는 기구 등도 갖추어져 있다.

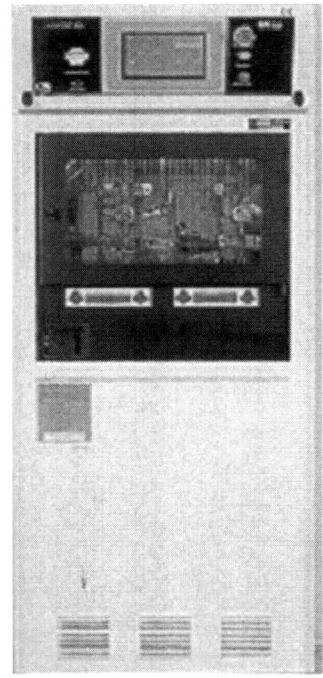

그림 4-1 실린더 캐비닛

만일에 발생할 수 있는 가스 누설에 대비하여 가스 캐비닛 내부에는 환기 설비를 하여 누설된 가스가 대기 또는 제거 설비로 갈 수 있도록 하는 것이 좋다. 환기유량은 가스의 종류에 따라 다르나 누설 시 공기와 혼합된 혼합 가스의 조성이 LFL 값의 25% 이하 또는 TLV-TWA 값 이하로 유지되도록 하는 것을 추천하고 있다. 이때 누출되는 가스의 양은 실린더 밸브 후단에 설치되어 있는 RFO(Restriction Flow Orifice)에서 발생할 수 있는 양을 최대로 한다.

가스 캐비닛을 사용하는 경우에는 사용처로 송부해야 하는 유량이 많지 않으므로 최대 공정에서 사용되는 유량 이상은 흐르지 않도록 RFO 설치를 하여 만일의 사태, 즉 DISS 연결구의 탈락 등으로 인하여 누출이 발생하더라도 유량의 흐름을 차단함으로써 위험성을 감소시킬 수 있다. 근래에는 각종 사용처의 필요 유량이 대량화하여 가스 캐비닛보다는 BSGS(Bulk Specialty Gases System) 등을 사용하는 경우가 많다. 이 경우에는 RFO보다는 후단의 압력 또는 유량을 측정하여 자동으로 유량을 정지시킬 수 있는 자동잠금 밸브를 설치해야 한다.

RFO는 고객의 요구 유량, 법적 기준, 가스의 종류, 환기 설비의 능력 등을 고려하여 설치하나, 실란의 경우 0.25mm, 디실란의 경우 1.5mm, 맹독성의 경우에는 최고 누출량이 28slpm(standard liter per minute) 이하가 되도록 하는 것을 추천한다.

단 실란(SiH4)의 경우에는 기계적 연결 부위에서 공기의 표면 속도를 최소한 200~250ft/min(1.0~1.3m/sec, CGA G-13) 정도로 낼 수 있도록 하는 것을 추천하고 있다. 여기서 표면 속도라 함은 각종 기계적 결합(예: 플랜지, VCR, 나사산식 연결 등)에서 그 표면을 지나가는 공기의 속도를 의미한다. 그러나 가스 캐비닛 내부의 모든 기계적 연결구에 표면 속도에 맞게 설치하기 어렵다. 그러므로 전체 단면(m^2)에 필요 속도(1.3m/sec)에 해당하는 공기를 투입하여 수행하는 것이 손쉬운 방법이겠다. 예를 들어 높이

2.0m, 너비 0.8m, 길이 1.5m에 해당하는 가스 캐비닛이라면,

필요공기유량 = 너비 × 길이 × 표면속도 = 0.8m × 1.5m × 1.3㎥/s × 3600s/h=5,616㎥/h
이 된다.

그 외에 모든 문과 창문은 자동 잠금 장치를 설치하고, 가연성 가스를 취급하는 경우에는 30분 이상의 내화 성능을 갖도록 해야 한다. 화재를 감시할 수 있도록 온도 및 불꽃 감지기를 설치하되, 불꽃 감지기의 지연 시간은 5초를 추천한다.

더불어 압력조절 밸브의 보닛(Bonnet)은 압력이 밸브의 조절에 따라 축적되는 경향이 있는데, 이는 내부 과압을 일으켜 누출의 원인이 된다. 이때는 보닛의 벤트 구멍을 통해 벤트 배관을 설치하여 안전한 지역으로 내부 가스가 배출되도록 하는 것을 권장한다.

벤트 배관

그림 4-2 압력조절 밸브 벤트 배관 설치 예

4.2 가스누설 검지 경보기

독성 가스로부터의 안전을 위해서는 제일 먼저 가스의 누설이 없도록 설비 · 장치 · 배관 · 이음부 · 밸브 등을 충분히 고려한 일상적인 보수 · 점검 · 관리가 요구된다고 하겠다. 적절한 방법으로는, 기계적 연결이 없이 모두 용접으로 수행하는 방법이 있으나, 이것은 운전 및 정비 등의 이유로 인하여 물리적으로 어려우므로 이에 대비한 안전 조치가 필요하다.

여기서 만에 하나라도 가스가 누설된 경우에는 빨리 정확하게 검지하여 신속한 안전조치가 이어져야 한다. 따라서 누설검지 경보기의 설치가 요구된다. 이것은 사용 조건이나 목적에 따라, 그리고 검출 감도, 신뢰성, 취급의 간편성, 경제성 등에 따라 잘 선택해야 한다.

국내 고압가스 안전 관리법에서는 옥내에 설치하는 경우 주변 길이 10m 당 1개 이상, 옥외에 설치하는 경우 주변 길이 20m 당 1개 이상을 설치하도록 규정하고 있다.

또한 검출하고자 하는 가스의 특성에 따라 설치 위치를 고려해야 한다. 공기보다 무거운 가스를 검출하고자 하는 경우에는 하단부에, 공기보다 가벼운 물질의 경우에는 상단부에 설치할 것을 권장하나, 누출 가능성 부위에 따라 신중히 결정해야 한다.

예를 들어 외부에 설치되어 있는 공기보다 무거운 독성 또는 가연성 가스를 취급하는 배관에 누출 가능성이 있는 플랜지 주위에 가스누설 검지기를 설치하는 경우, 평소 바람의 방향을 고려하여 누출 가능성이 있는 부위보다 낮게 설치해야 한다. 이 경우 바람의 속도, 대기 안정도(Atmospheric Stability), 대지 조건(Ground Condition), 누출 지점의 높이, 누출된 초기 물질의 부력(Buoyancy)과 운동량(Momentum) 등을 고려하여 분산 모델 분석(Dispersion Model Analysis)을 수행하여 그 위치를 정하는 방법이 좋다. 그러나 이것은 많은 경험과 지식 및 소프트웨어(Software)를 요하므로 현장에서 바로 적용하기는 그리 쉽지 않다. 이에 실용적인 방법(Rules of Thumb)으로 누출 가능성이 있는 위치에서 가스누출 검지기 위치까지의 수직 거리보다 바람의 방향으로 약 3배의 거리가 이격된 지점에 검지기를 설치하도록 추천한다.

표 4-1 가스누설 검지기 사용 현황

LEAK DETECTION		
MSA Passport O2, CO, LEL Gas Monitor	Fisher Safety	18-999-4695
Calibration Kit(for O2/LEL/CO monitor) (includes calibration gas cylinder-[50ppm CO, 2.5% CH4, 12%O2/N2], regulator, tubing and case)	Grainger	5HP83
Thermal Conductivity GAS LEAK DETECTOR(hydrides, etc.)	Matheson	8057
GMD Autostep Plus Monitor System including:		
GMD Autostep Plus with Demand Sample Mode	Bacarach	2740-0045
Charger 110VAC	Bacarach	2740-2040
Hydride tape cassette,	Bacarach	2740-1060
Chlorine tape cassette	Bacarach	2740-1040
Acid gases tape cassette	Bacarach	2740-1090
8 oz. bottlesOmega 31 or other GEG-approved leak detection solution	local	
RollpH Paper	Grainger	2153
VialLead Acetate Test Strips(H2S, etc. detection)	VWR	60792-009

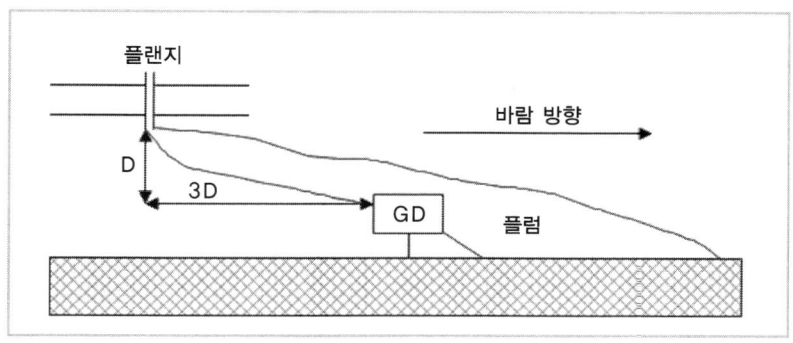

그림 4-3 실용적인 가스누설 검지기 설치 위치

가스 누설이 빈번히 발생하는 장소를 언급하면 주로 기계적 결합으로 이루어진 곳, 즉 플랜지, 나사산 연결, DISS, CGA, 용융성 플러그 등이다.

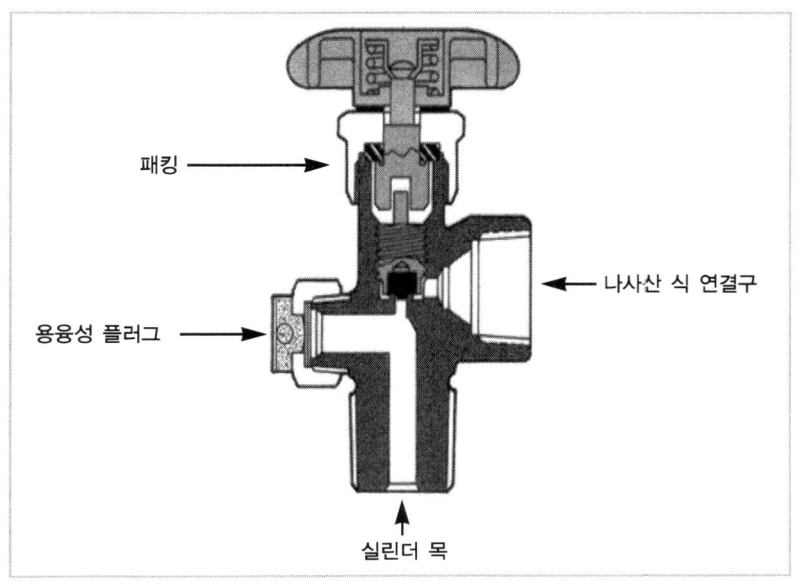

그림 4-5 대표적인 누설 위치

가스 누설을 감지하는 방법으로는 눈으로 확인하기, 연기, 누출, 비누거품을 이용한 거품 테스트, 냄새를 통한 확인, 누출 가능성이 있는 부위에서의 생소한 냄새, 소리로 확인, 마찰 소리, 방울 낙하 소리로 확인하기 등이 있다.

표 4-2 가스 측정 기술의 비교

검지 기술	장점	단점
촉매식 (Catalytic)	• 가스의 가연성을 간단하게 측정 • 저가에 입증된 기술	• 납, 염소, 실리콘 등에 의한 피복 현상으로 인식이 어려운 작동 불능 상태가 될 수도 있음 • 소비 전력이 큼 • 설치 장소의 제약이 있음
전기화학식 (Electrochemical)	• 낮은 농도의 유독성 가스를 측정 • 다양한 종류의 가스 검지가 가능 • 센서 자체의 전력 소비가 거의 없음	• 모니터링 기술의 뒷받침이 없으면 인식이 어려운 작동 불능 상태가 될 수 있음 • 작동을 위해 산소 필요 • 설치 장소의 제약이 있음
지점용 적외선식 (Point Infrared)	• 화학적 기술보다는 물리적 기술을 사용함 • 교정 오류에 대해 덜 민감함 • 작동 불능 현상의 인식이 용이함 • 불활성 분위기에도 사용이 가능	• % LEL 범위에서만 가연성 가스 사용 가능 • 가스의 연소성과 관계있는 가연성 가스의 농도 측정 • 설치 장소의 제약이 있음 • 중간 이상의 소비 전력
개방공간용 적외선식 (Open Path Infrared)	• 넓은 공간에 대한 포괄적 검지로 누출검사 기능 극대화 • 작동 불능 현상의 인식이 용이함 • 가장 최근에 개발된 기술 • 낮은 농도 측정 가능 • 설치 장소의 제약을 받지 않음 • 가연성 가스에 이어서 유독성 가스 검지기의 개발이 진행되고 있음 • 고가의 초기 구입 비용	• 고가의 초기 구입 비용 • 좁은 장소에는 적합하지 않음 • 검지를 위한 빛의 경로가 가려질 수 있음
반도체식 (Semiconductor)	• 기계적으로 견고함 • 지속적인 고습 환경에서 정상 작동	• 오염물질과 환경변화의 영향이 큼 • 비선형적 반응으로 복잡성 초래
열전도도식 (Thermal Conductivity)	• 산소가 없는 환경에서도 2성분 혼합물의 %v/v 농도 측정 가능	• 가스 농도가 높은 경우에만 측정 가능 • 한정된 종류의 가스만 측정 가능 • 대기와 전도성이 비슷한 가스는 측정 불가 • 많은 유지 관리가 필요
켐 카세트 (Chem Cassette)	• 감도가 우수하고 유독성 가스에 대한 선택성이 높음 • 가스 누출의 물질적 증거를 남김 • 오 경보를 울리지 않음	• 시료 흡입 시스템이 필요 • 시료 가스에 대한 전처리(예: 고온에 대한 분해 가 필요할 수 있음)

4.3 배기 및 환기 설비

가연성 가스 및 독성 가스를 취급하는 작업실(제조 공정상 실내)은 가스가 체류하지 않는 구조로서, 배기가스를 전용 닥트로 보내 안전하게 처리한 후 배기 팬을 통해서 배기구에 접속시켜야 한다.

안전하게 처리하는 방법으로서는 화학 반응 · 화학 흡착 · 물리 흡착 · 연소 · 희석 등의 방법이 있으며, 희석 등의 방법은 배기구의 출구라도 가능하다. 특히 반도체 제조용 가스에는 자연 발화성 · 부식성이 지극히 강한 가스가 많아 배기가스 시스템에 사용되는 재료는 불연성 내식재료를 사용하도록 되어 있다. 또한 배기 팬은 작업 중에는 연속 가동하고, 만일 정지한 경우에는 즉시 이것을 알리는 경보기를 설치해야 한다.

특히 자연 발화성 물질인 실란의 경우에는 환기 설비가 대단히 중요하다. 실란의 경우, 미국의 SEMATECH(SEmiconductor MAnufacturing TECHnology, 미국 반도체 제조기술 연구조합)의 조사 보그서인 "Silane Safety Improvement Project S71-Final Report"에 의하면, 누출이 발생했을 때 약 59%가 제트 화재(Jet Fire), 약 11%가 폭발(Explcsion), 약한 팝 화재(Pop)가 11%, 공기 중의 산소와 반응하지 않고 배출되는 경우가 약 19%에 이르는 것으로 나타났다. 이렇게 실란이 누출하여 화재를 일으키지 않고 대기 중으로 방출되면 실란의 기체가 공기 중에 섞여 증기 운을 형성 폭발하는 증기 운 폭발(VCE, Vapor Cloud Explosion)의 원인이 된다.

이러한 이유로 실란의 경우 미국의 압축가스 규격(CGA, Compressed Gas Association), 화재안전협회(NFPA, National Fire Protection Association) 등에서 모든 개구부 또는 기계적인 결합부(예: VCR, DISS, Flange 등)에서의 표면 속도를 약 200~250ft/min(1.0~1.3m/sec, CGA G-13) 이상으로 유지하도록 규정하고 있다.

그림 4-5 실란 화재 현장

위 사진의 화재는 자연 발화성 물질인 실란의 제트 화재로 인해 발생된 화재가 가연성인 폴리프로필렌으로 이루어진 닥트를 통하여 전파하여 주변 설비까지 화재가 번진 예이다. 가연성 가스를 취급하는 작업실의 닥트는 불연성 재료를 사용해야 한다는 것을 명심해야 한다. 이는 화재 전파를 방지하기 위하여 불연성 닥트 사용이 얼마나 중요한지를 보여주는 좋은 예이다. 우리나라 소방법에서는 댐퍼(Damper)가 화재 시 자동으로 차단되어, 화재가 닥트를 통하여 다른 지역으로 전파되지 않도록 규정하고 있다.

4.4 퍼지 시스템

가스 용기를 장치에 연결할 때나 분리할 때 실시하는 퍼지는 독성 및 가연성 가스의 누설 또는 장치 내의 오염의 위험이 수반되므로 중요한 퍼지 조작을 익혀두어야 한다.

퍼지는 장치의 가연성 혼합 가스에 불활성 가스를 주입하여 산소의 농도를 연소를 위한 최소 농도(MOC, Minimum Oxygen Concentration) 이하로 낮추는 공정인 불활성화, 또는 공정에서 요구하는 순도를 맞추기 위한 불순물 제거를 위해 사용된다.

(1) 진공 퍼지(Vacuum Purge)

진공 퍼지는 불순물을 최적으로 제거하기 위한, 용기에 대한 가장 통상적인 불활성화 절차이다. 이 방법은 석유화학 공정 등에서 사용되는 큰 저장 용기에는 사용할 수 없다. 왜냐하면 큰 용기는 보통 진공에 견디도록 설계되지 않기 때문이다. 만일 용량이 큰 저장 용기를 진공의 상태까지 견딜 수 있도록 한다면 투자비를 감당할 수 없다. 그러나 반도체 공정의 가스 캐비닛 또는 BSGS(Bulk Specialty Gases System)에 사용되는 실린더의 교체 후 Tubing 등에 남아 있는 잔여 가스를 제거하는 방법으로 널리 사용되고 있다. 산소 또는 불순물의 농도가 원하는 수준까지 감소되도록 하기 위하여 아래의 식을 사용한다.

진공 퍼지 공정 단계는 다음과 같다.

   (1) 용기 또는 시스템이 원하는 진공도에 이를 때까지 ①번 밸브를 잠그고 ②번 밸브를 열어 진공 펌프를 가동하여 용기를 진공으로 한다.

(2) 질소, 헬륨 또는 이산화탄소와 같은 불활성 가스를 ①번 밸브를 열고
②번 밸브를 잠그고 대기압과 같게 한다.

(3) 단계 (1) 과(2)를 원하는 농도가 될 때까지 반복한다.

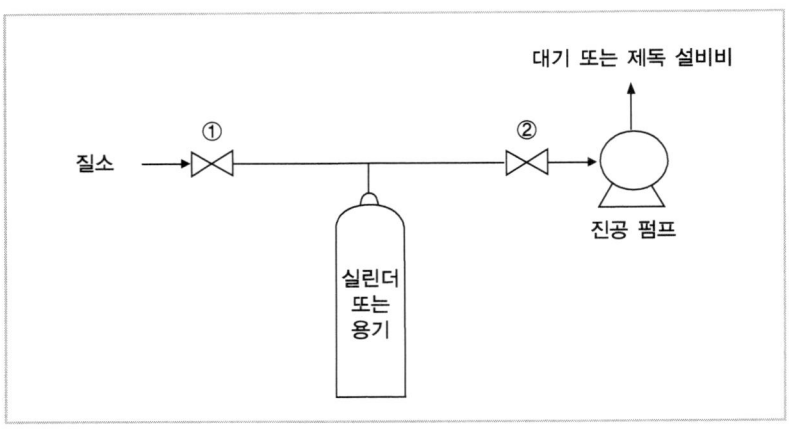

그림 4-6 진공 퍼지

$$y_i = y_0 (\frac{n_L}{n_H})^j = y_0 (\frac{P_L}{P_H})$$

여기서,

y_i : 최종 원하는 농도

y_0 : 초기 농도

j : 사이클

n_L : 저압에서의 몰 수

n_H : 고압에서의 몰 수

P_L : 저압

P_H : 고압

이 식은 압력한계 P_H와 P_L이 각 사이클 동안 이상 기체라고 가정하여 얻은 것이다. 각 사이클 동안 가한 질소의 전체 몰 수는 일정하다. j 사이클에 대하여 전체 질소의 양은 다음과 같다.

$$\triangle n_{N2} = j(P_H - P_L)\frac{V}{R_g T}$$

여기서,

$\triangle n_{N2}$: 질소의 사용 양

V : 용기 또는 시스템의 부피

R_g : 이상 기체 상수, 10.73 psia ft^3/lb-mol R

T : 절대 온도, $^{\circ}R$

예제:

진공 퍼지 방법으로 1,000ft^{3}의 SiH4 용기를 순수한 질소를 사용하여 산소 농도를 1ppm까지 줄이려고 한다. 이를 충족시키기 위하여 몇 번의 퍼지가 필요한지 결정하고, 질소 전체 사용량을 계산하라. 온도는 75°F이고, 시스템은 SiH4로 가득 차 있다. 절대 압력이 20mmHg까지 도달할 수 있는 진공 펌프가 사용되고, 진공에 도달한 후 절대 압력이 1기압이 될 때까지 순수한 질소를 주입한다고 한다.

풀이:

초기 및 마지막 상태에서의 실란 농도는 아래와 같다.

SiH4의 분자량: 32.118 lbm/lb-mol

1기압 75°F에서의 SiH4 밀도: 0.0827 lbm/ft^3

초기 Tubing 안의 SiH4 양:

$$\frac{1,000\,ft^3 \times 0.0827\,lbm/ft^3}{32.118\,lbm/lb-mol} = 2.575\,lb-mol$$

마지막 상태에서의 실란 농도: $1 \times 10^{-6} \times 2.575$

$$y_i = y_0 (\frac{P_L}{P_H})^j$$

$$\ln(\frac{y_i}{y_0}) = j\ln(\frac{P_L}{P_H})$$

$$j = \frac{\ln(10^{-6} \times 2.575/2.575)}{\ln(20\,mmHg/760\,mmHg)} = 3.8$$

퍼지의 회수(j) = 3.8

실란의 농도를 줄이려면 4번의 퍼지가 필요하다.

전체 질소의 사용량은 다음과 같다.

$$P_L = (\frac{20\,mmHg}{760\,mmHg})(14.7) = 0.387\text{psia}$$

$$\triangle n_{N2} = j(P_H - P_L)\frac{V}{R_g T}$$

$$\triangle n_{N2} = 4(14.7 - 0.387)\frac{1,000}{(10.73)(75+460)^o R}$$

= 9.97 lb-mol = 279.25 lb of nitrogen

(2) 압력 퍼지(Pressure Purge)

용기 또는 시스템에 가압된 불활성 기체를 주입함으로써 퍼지를 시킬 수 있다. 주입한 가스가 용기 내에서 충분히 확산된 후 그것을 대기 중으로 또는 제독 설비로 방출시킨다. 원하는 농도까지 감소시키기 위해서는 여러 번의 가압 순환이 필요할 수도 있다.

이 퍼지 공정에 사용되는 식은 위의 진공 퍼지와 동일하다. 여기서 nL은 대기압(낮은 압력)에서의 전체 몰 수이고, nH는 고압 하에서의 전체 몰 수이다. 그러나 이 경우에 용기 안의 가스의 처음 농도(y_0)는 용기가 가압된 후 계산된다. 가압 상태에서의 몰 수는 nH이고, 대기압인 경우의 몰 수는 nL이다.

압력 퍼지 공정 단계는 다음과 같다.

⑴ 용기 또는 시스템이 원하는 압력에 이를 때까지 ①번 밸브를 열고 ②번 밸브를 잠가 원하는 압력을 불활성 기체를 이용하여 얻는다.

⑵ ①번 밸브를 잠그고 ②번 밸브를 열어 독성 기체와 불활성 기체의 혼합물이 대기 또는 제독 설비로 이동하도록 한다.

⑶ 단계 ⑴과 ⑵를 원하는 농도가 될 때까지 반복한다.

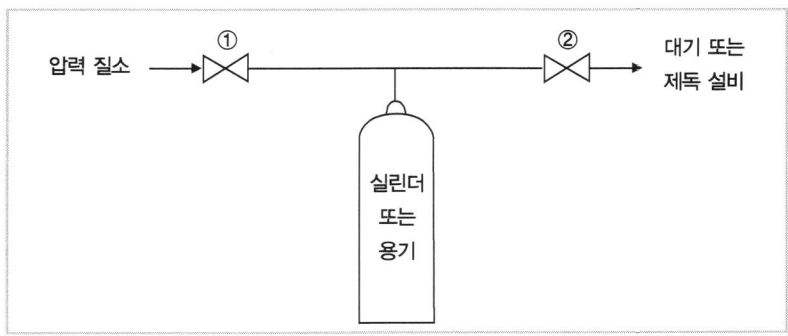

그림 4-7 압력 퍼지

예제:

앞의 진공 퍼지 예제에서 실란의 농도를 줄이기 위해 압력 퍼지 방법을 사용하려고 한다. 80psig의 압력의 75°F에서 순수한 질소를 사용하여 실란 농도를 1ppm까지 줄이려고 한다. 이를 충족시키기 위하여 몇 번의 퍼지가 필요한지 결정하고, 질소 전체 사용량을 계산하라. 이 방법에 의한 질소 사용량을 앞의 진공 퍼지에 의한 질소 사용량과 비교하라.

풀이:

$$y_0 = (\frac{P_0}{P_H})$$

$$y_0 = 2.575\,(\frac{14.7}{80 + 14.7}) = 0.4\ lb - mol$$

$$y_i = y_0(\frac{P_L}{P_H})^j$$

$$j = \frac{\ln\,(10^{-6}\,/\,0.4)}{\ln\,(14.7\,/\,(80 + 14.7))} = 6.9$$

퍼지의 회수(j)는 6.9이다. 그러므로 7번의 퍼지가 필요하다. 전체 질소 사용량을 결정하면,

$$\triangle n_{N2} = j(P_H - P_L)\frac{V}{R_g T}$$

$$\triangle n_{N2} = 7(94.7 - 14.7)\frac{1,000}{(10.73)(75 + 460)^oR}$$

$$= 97.6 \ \text{lb-mol} = 2731.5 \ \text{lb of nitrogen}$$

압력 퍼지와 진공 퍼지를 비교해 보면 압력 퍼지인 경우 시간이 크게 감소된다. 가압 공정은 진공을 유도하기 위한 느린 공정에 비하여 대단히 빠르다. 그러나 압력 퍼지는 보다 많은 양의 불활성 기체를 소모한다. 그러므로 퍼지 공정은 비용과 수행을 기준으로 가장 적합한 것으로 선택해야 한다. 일반적으로 석유화학 공정은 반도체 공정에 비하여 초 고순도까지 불순물의 제거를 원하지 않는 데다 용기가 대용량이므로 압력 퍼지 방법을 많이 채택하고, 반도체 공정은 불순물의 완벽한 제거가 제품의 품질로 직결되므로 압력 퍼지와 진공 퍼지를 동시에 채택하여 사용하고 있다.

(3) 스위프 퍼지(Sweep-Through Purge)

스위프 퍼지 공정은 용기의 한 개구부로 퍼지 가스를 가하고, 다른 개구부로부터 대기 또는 제독 설비로 혼합 가스를 용기에서 축출시키는 공정을 말한다. 이 퍼지 공정은 보통 용기나 장치가 압력을 가하거나 진공으로 할 수 없을 때 사용된다. 즉 퍼지 가스는 상압에서 가해지고 끄집어낸다. 간단하게 설명하면 비눗물이 담겨 있는 세숫대야에 수돗물을 연속적으로 틀어 놓으면, 언젠가는 비눗물이 모두 빠져나가고 수돗물로 대체되는 현상이라고 생각하면 된다.

스위프 퍼지 공정 단계는 다음과 같다.
(1) ①번 ②번 밸브를 모두 열고 일정량을 연속적으로 흘려보내 불순물을 제거한다.

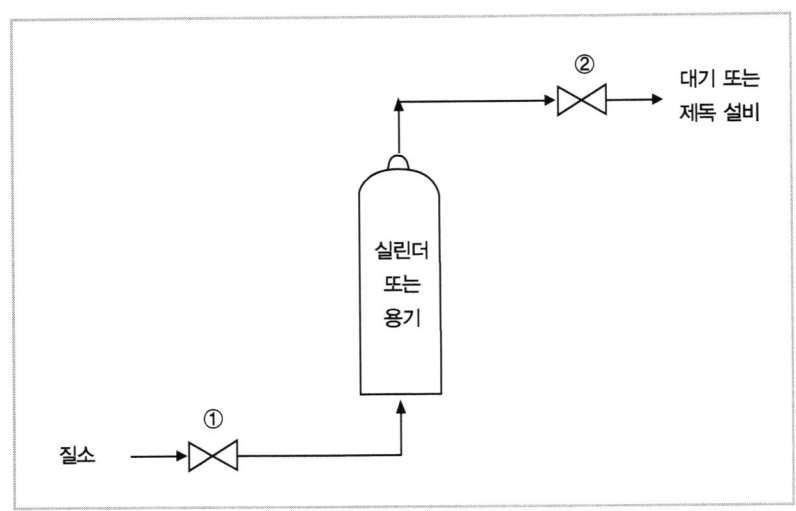

그림 4-8 스위프 퍼지

퍼지 결과는 용기 안에서 완전 혼합이고 일정한 오도, 일정한 압력이라고
가정함으로써 얻어질 수 있다. 이러한 조건에서 출구 흐름에 대한 질량 또
는 부피 유량은 입구 흐름(Inlet Stream)과 같다.

$$Q_V t = V \ln \left(\frac{C_1 - C_0}{C_2 - C_0} \right)$$

여기서,

$Q_V t$: 농도를 감소시키기 위하여 요구되는
불활성 기체의 부피

V : 용기 또는 시스템의 부피

C_0 : 부피 유량

C_1 : 초기 용기 안의 농도

C_2 : 최종 원하는 용기 안의 농도

예제:

저장 용기에 100%의 공기가 차 있는데, 산소 농도가 1.25%(부피 %) 이하가 될 때까지 질소로 불활성시켜야 한다. 용기의 부피는 1,000ft³이다. 질소는 0.01%의 산소를 포함하고 있다고 가정할 때 얼마큼의 질소를 부가해야 하는지 계산하라.

풀이:

필요한 질소의 부피 $Q_V t$ 를 이용하여 결정한다.

$$Q_V t = V \ln \left(\frac{C_1 - C_0}{C_2 - C_0} \right)$$

$$Q_V t = 1,000 ft^3 \ln \left(\frac{21 - 0.01}{1.25 - 0.01} \right)$$

$$Q_V t = 2,830 ft^3$$

이 값은 오염된 질소(0.01%의 산소를 포함)의 부가량이다. 산소 농도를 1.25% 이하로 줄이기 위하여 필요한 순수한 질소의 양은

$$Q_V t = 1,000 ft^3 \ln \left(\frac{21}{1.25} \right) = 2821 ft^3$$

제거하고자 하는 불순물의 밀도가 사용하고자 하는 불활성 기체보다 무거운 경우에는 상부에서 하부로, 가벼운 경우에는 하부에서 상부로 퍼지를 수행하는 것이 좋다. 그러나 시스템의 구조 상황에 따라 적절히 수행 방법을 채택해야 한다.

(4) 사이폰 퍼지(Siphon Purge)

스위프 퍼지 공정은 많은 양의 질소를 필요로 한다. 이 방법은 큰 저장 용기들을 퍼지시킬 때 경비가 많이 든다. 사이폰 퍼지는 이 같은 경우 퍼지 경비를 최소화하는 데 사용된다.

사이폰 퍼지 공정은 용기에 물(또는 적합한 액체)을 채운 다음 시작한다. 용기로부터 액체를 방출하는 부피흐름 속도와 같아진다.

사이폰 공정을 이용할 때는 첫째로, 액체를 용기에 채운 다음 용기 상부의 잔류 산소 제거를 위해 스위프 퍼지 공정을 사용하는 것이 바람직하다.

사이폰 퍼지 공정 단계는 다음과 같다.

(1) ③번 밸브를 닫고 ①번 및 ②번 밸브를 연다.

(2) ①번 밸브를 통하여 물을 투입하여 용기 내에 완벽히 채우고, ②번 밸브를 통하여는 용기 내부에 있는 불순물들이 대기 또는 제독 설비로 보내지도록 한다.

(3) ②번 밸브를 닫는다.

(4) ①번 밸브를 천천히 열고 질소를 투입하면서 ③번 밸브를 열어 동일한 용량의 물이 배출되도록 한다.

(5) 이 단계가 끝나면 용기 내에는 불활성 기체인 질소로만 충진된다.

사이폰 퍼지 공정은 아무리 완벽히 수행하더라도 용기 내부에 수분이 존재하므로 수분 조절이 필요한 시스템에는 사용할 수 없다. 보통은 원유 저장 탱크의 탄화수소 기체를 질소로 치환하는 경우에 주로 사용한다.

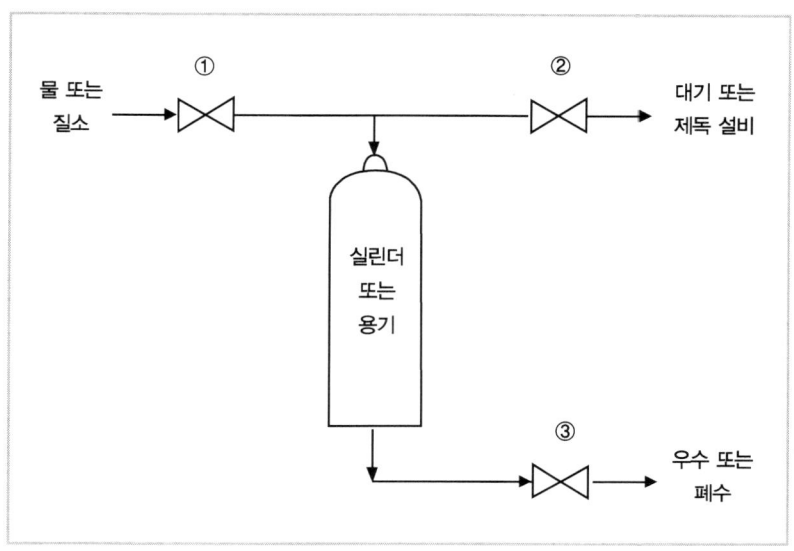

그림 4-9 사이폰 퍼지

진공 퍼지, 압력 퍼지 및 스위프 퍼지의 경우 상기의 계산식을 이용하여 필요 회수 또는 불활성 기체의 양을 계산할 수 있으나, 이것은 완전 혼합 (Perfect Mixing)을 가정으로 수행하는 것으로서 실제와는 맞지 않는다. 완전 혼합을 이룩하려면 오랜 시간 동안 유지하거나 또는 혼합 설비를 갖추어야 한다. 하지만 실제 업무에서는 엄청난 시간과 투자비가 소요되므로 이것은 상당히 어려운 요구이다.

경험적인 방법으로는 계산한 회수의 약 5~10배 정도를 더 수행하는 것이 원하는 농도까지 낮출 수 있으나, 이보다는 계산한 근거를 가지고 계산한 회수를 최소 회수로 하여 퍼지를 증가시키면서 최적점을 찾는 것이 좋다.

4.5 저장 창고

용기를 저장하는 저장 창고는 통풍이 잘되고 건조한 상태를 유지할 수 있는 옥외 건물을 확보하여 필요한 표시를 한 후 그룹별, 특성별로 분류, 저장해야 한다. 다 사용한 빈 용기도 잔존 가스가 용기 내에 존재하고 있으므로 가스를 저장하고 있는 용기와 동일한 방법에 의해 저장되어야 하며, 용기 운반 시에는 실린더 트럭(Cylinder Truck)이라는 운반용 차량을 사용하여 운반해야 한다.

옥외 저장이라고 할 때, 국내 고압가스 안전 관리법에서는 최소 2면 이상이 개방된 구조를 의미하며, 미국 코드로는 주변 길이의 최소 25% 이상 개방된 구조를 의미한다. 독성 가스의 저장 및 취급은 고압가스 안전 관리법 KSG Code FP112에 의하여 해야 한다. 즉,

2.7.5 중화설비 · 이송설비의 설치

2.7.5.1. 독성 가스의 가스 설비실 및 저장 설비실에는 그 가스가 누출된 경우 이를 중화 설비로 이송시켜 흡수 또는 중화할 수 있는 설비를 설치할 것. 다만 중화 조치가 불가능한 독성 가스의 경우에는 그러하지 아니하다

2.7.5.2 독성 가스를 제조하는 시설을 실내에 설치하는 경우에는 흡입 장치와 연동시켜 중화 설비에 이송시키는 설비를 갖출 것

카. 용기 보관 장소
(1) 용기 보관 장소는 그 경계를 명시하고, 외부에서 보기 쉬운 곳에 경계 표지를 설치할 것
(2) 가연성 가스 및 산소의 충전 용기 보관실은 불연 재료를 사용하고 지붕은 가벼운 재료로 할 것

(3) 가연성 가스의 용기 보관실은 그 가스가 누출된 때에 체류하지 아니하도록 통풍구를 갖추고, 통풍이 잘되지 아니하는 곳에는 강제 통풍시설을 설치해야 하며, 독성 가스의 용기 보관실은 누출하는 가스의 확산을 적절하게 방지할 수 있는 구조로 할 것

(4) 독성 가스 및 공기보다 무거운 가연성 가스의 용기 보관실에는 가스누출 검지 경보장치를 설치해야 하며, 독성 가스의 경우에는 흡입 장치와 연동시켜 중화 설비에 이송시키는 설비를 갖출 것

타. 가스 설비실 · 저장 설비실

(1) 통풍 구조: 가연성 가스의 가스 설비실 및 저장 설비실에는 누출된 가스가 체류하지 아니하도록 통풍 구조를 갖추고, 통풍이 잘되지 아니하는 곳에는 강제 통풍시설을 갖출 것

(2) 저장실의 구분: 가연성 가스, 산소 및 독성 가스의 저장실은 각각 구분하여 설치할 것

실란과 같이 자연 발화성(Pyrophoric) 물질은 옥내 저장보다는 옥외 저장을 추천하며, 개방된 면의 길이가 설비 주변 길이의 75% 이상일 것을 추천하고 있다. 그 이유는 실란과 같이 자연 발화성 물질이 누출된 경우, 빠르게 확산하여 화재 농도 이하로 낮추거나 즉시 화재를 발생시켜 가연성 가스가 혼합된 기체가 부력에 의해 운동하다가 다른 장소로 이동하여 화재 또는 폭발을 발생시키는 것을 방지하기 위함이다.

옥내 저장을 하는 경우에는 적절한 환기 설비를 해야 한다. 가장 좋은 방법으로는 분산모델 분석(Dispersion Model Analysis)을 수행하여 가연성의 경우 화재 하한계(LFL)의 25%, 또는 독성의 경우 TWA 값 이하로 낮출 수 있는 공기의 양을 결정하는 것이 있다. 그러나 이것은 많은 경험과 지식 및 소프트웨어를 필요로 하므로 현장에서 바로 적용하기는 그리 쉽지 않다.

이에 실용적인 방법(Rules of Thumb)으로 아래와 같이 추천한다.

표 4-3 옥내 저장 또는 취급소의 공기 순환 양

	질식성		산화성		가연성	
창고 크기, ft³	10,000 이하	10,000 이상	10,000 이하	10,000 이상	10,000 이하	10,000 이상
창고 크기, m³	283 이하	283 이상	283 이하	283 이상	283 이하	283 이상
시간당 공기 순환	6	4	9	6	10	6

	독성			맹독성		
창고 크기, ft³	4,000 이하	4,000 이상 10,000 이하	10,000 이상	4,000 이하	4,000 이상 10,000 이하	10,000 이상
창고 크기, m³	113 이하	113 이상 283 이하	283 이상	113 이하	113 이상 283 이하	283 이상
시간당 공기 순환	12	10	6	12	12	10

1. 맹독성은 독성 물질 중에 LC_{50}이 0~200 ppm인 것을 말한다.
2. 여기서 시간당 공기 순환(ACH, Air Change per Hour)이란 상기의 숫자만큼의 공기가 창고 안에서 회전해야 한다는 의미이다. 예를 들어 100m³의 저장 창고에 가연성 물질을 저장 또는 취급한다면 10 ACH가 필요하므로, 100m³×10ACH = 1,000m³/hr의 공기가 순환해야 한다는 것이다.
3. 배출된 공기는 절대로 다시 창고 안으로 되돌아가는 형태로 이루어져서는 안되며, 인입되는 공기는 항상 신선한 공기가 보장되어야 한다. 이는 만일 창고 안에 어떠한 누출 발생 시 누출된 가스가 순환되어 창고로 다시 돌아오는 모순을 방지하기 위함이다.
4. 창고 내부는 약 -0.01 inchH2O 정도의 진공을 유지하는 것이 좋은데 이는 만일 누출이 발생하더라도 누출된 기체가 외부로 배출되는 것을 막기 위함이다. 이것을 만족시키기 위해서는 정교한 수리역학 계산이 필요하나, 실용적인 방법으로 배출되는 공기의 양을 상기 테이블에서 제공하는 양보다 약 20% 크게 하고, 인입되는 공기를 상기에서 요구하는 양을 사용할 것을 추천한다.

표 4-4 환기에 따른 독성 가스 농도저하 계산

환기 회수	온도 비율	환기 회수	온도 비율
0	1,000,000	11	16,702
1	367,879	12	6,144
2	135,335	13	2,260
3	49,787	14	832
4	18,316	15	306
5	6,738	16	113
6	2,479	17	41
7	912	18	15
8	335	19	6
9	123	20	2
10	45	21	1

계산식: $K_2/K_1 = e^{(V/N)}$,
K_2=퍼지 후 농도
V=퍼지 가스량
(V/N) =환기 회수

K_1=초기 농도
K_2/K_1=농도비
N=창고 용량

질식성·산화성·독성 또는 가연성 가스를 저장 취급하는 경우에는 경보등과 경적설비를 설치해야 한다. 이 설비들은 저장 취급소 내부뿐만 아니라 각 출입구 외부에도 설치하여, 출입하기 전에 내부 상황이 충분히 운전자에게 전달될 수 있도록 해야 한다. 정해진 규칙은 없으나 필자가 경험한 바 있는 좋은 방법을 추천하고자 한다.

표 4-5 크리스마스트리 형태의 경보등 및 운전 방법

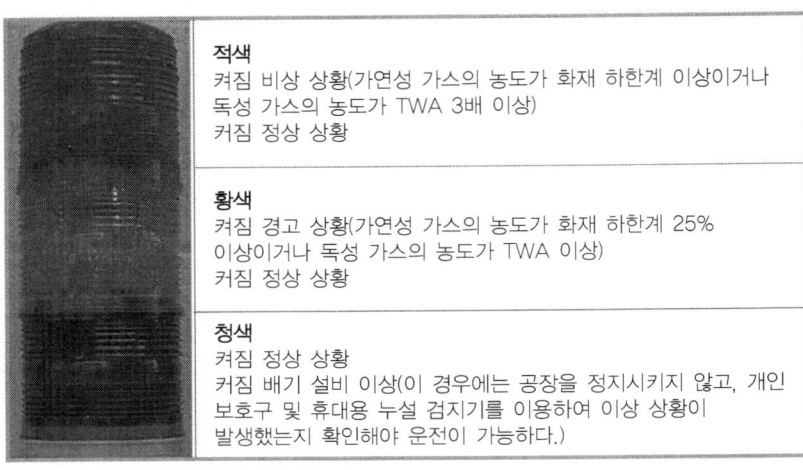

	적색 켜짐 비상 상황(가연성 가스의 농도가 화재 하한계 이상이거나 독성 가스의 농도가 TWA 3배 이상) 커짐 정상 상황
	황색 켜짐 경고 상황(가연성 가스의 농도가 화재 하한계 25% 이상이거나 독성 가스의 농도가 TWA 이상) 커짐 정상 상황
	청색 켜짐 정상 상황 커짐 배기 설비 이상(이 경우에는 공장을 정지시키지 않고, 개인 보호구 및 휴대용 누설 검지기를 이용하여 이상 상황이 발생했는지 확인해야 운전이 가능하다.)

공기 흡입구의 경우 Forced Fan을 이용하여 외부 공기를 강제적으로 투입하는 방법과 자연적으로 내부 공간에 음압을 제공하여 그릴(Grille) 또는 루버(Louver)를 통해 외부 공기가 자연적으로 인입되도록 하는 방법이 있다.

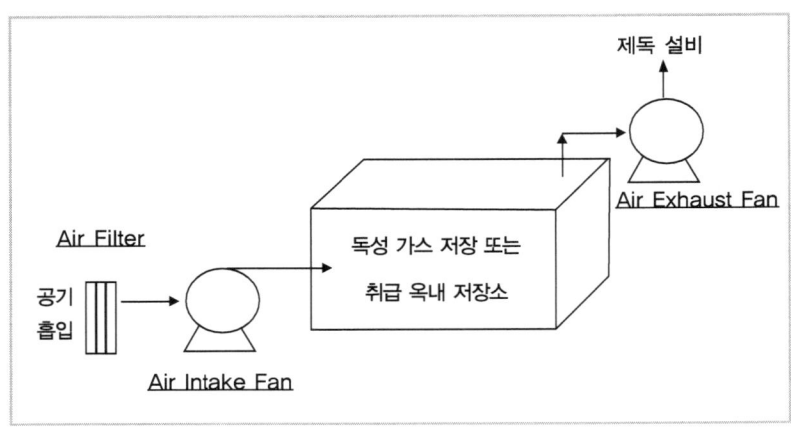

그림 4-10 Forced Fan을 이용한 강제적 공기 흡입

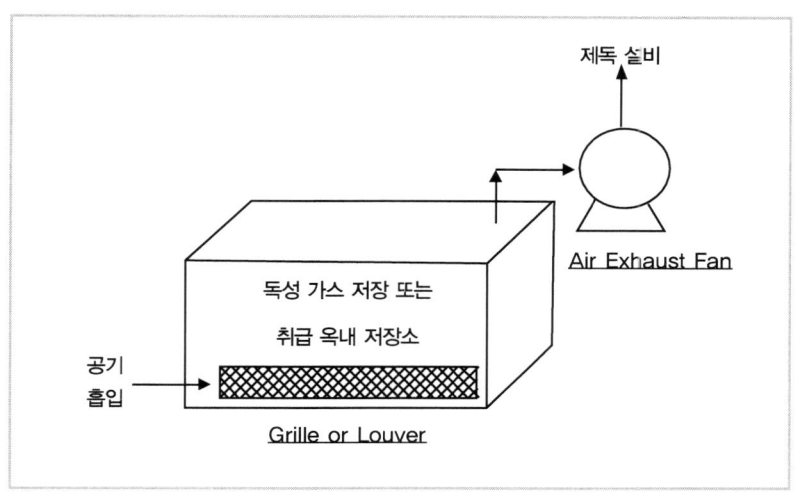

그림 4-11 그릴 또는 루버를 이용한 자연적 공기 흡입

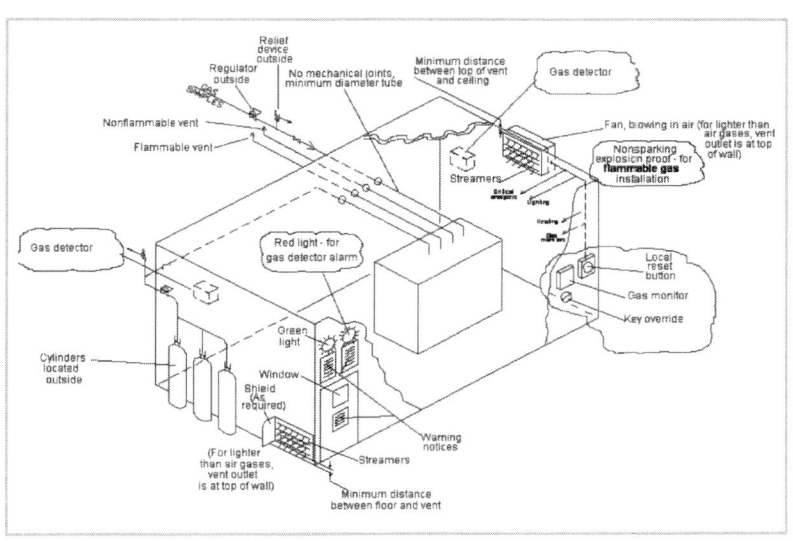

그림 4-12 대표적인 옥내 설비 구성도

4.6 재질 선정

각종 가스를 다루는 데 있어서 부식, 반응성 등을 고려하여 적절한 재질을 사용해 설비의 안전을 지키는 것이 상당히 중요하다.

(1) 재질 선정 시 고려사항

■ 설계 수명

주요 장치의 재질을 선정할 때는 보통 다음 설계 수명과 부식률을 고려해야 한다.

배관: 10년

가열로 튜브: 100,000시간(약 12년)

압력 용기 / 탱크 / 회전기 / 전기 장비: 20년

열 교환기 튜브: 초기 누설 시까지 5년, 교체 시까지 10년

■ 경제성

가능한 초기 투자비와 정비비가 최소가 되도록 한다.

■ 물리적 성질

강도(Strength): 설계 조건에서 적절한 강도 유지

부식저항(Corrosion Resistance): 시운전 · 운전정지 · 재생 중에 부식저항 유지

인성(Toughness): 적절한 충격저항 유지(Resistance to Brittle Fracture)

열 충격(Thermal Shock): 빠른 온도 상승에 대한 저항 유지

마모(Abrasion): 고체를 포함하는 유체를 다룰 때 고려되어야 함

산화(Oxidation): 고온 유체를 다룰 때 고려

성형(Fabrication): 성형의 용이성 고려

■ Design Code / Standards / Practice

발주자의 요구 혹은 특별한 상황에 따라 달라질 수 있으나, 다음의 Code 가 널리 쓰인다.

ASME Section Ⅰ: Power Boilers

ASME Section Ⅷ, Div. 1: Pressure Vessels

ASME Section Ⅷ, Div. 2: Alternative Rules for Pressure Vessels

ANSI B31.3: Refinery Piping

ANSI B16.5: Steel Pipe Flanges & Flanged Fittings

TEMA: Heat Exchangers and Manufacturing Association

API Standard & Recommended Practices

(1) 일반적인 금속 재료

■ 탄소강(Carbon Steel)

화학공장에 가장 널리 이용되는 재료로서 부식저항·산화저항·고온강도·인성이 상대적으로 낮고, 황 화합물·가성소다·아민 수용액 중에서 응력 부식균열을 일으킨다. Hydrogen Attack이나 Graphitation에도 민감하다.

■ 킬드강(Killed Carbon Steel)

제조공정 중에 Si, Mg, Al을 첨가하여 녹아 있는 산소 가스를 완전히 제

거한 탄소강으로 다음 경우에 사용한다.

1) 유체 중에 수소분압이 50psia를 넘을 경우
2) 수용액 중에 H2S 농도가 0.3mol% 이상이거나, 물 중에 H2S가 10ppm 이상으로 존재할 때
3) 유체 중에 HF, BF3가 포함되어 있을 경우
4) 용액 중에 아민(MEA/DEA/TEA)의 농도가 5wt%를 넘을 때
5) 장비의 설계 온도가 482℃를 넘을 경우

■ 저합금강(Low Alloy Steels)

크롬을 첨가하여 고온 강도와 산화/황화/수소 취성에 대한 저항을 높인 것으로, 일반 탄소강에 비해 용접이 어려우므로 사전 및 사후 열처리가 필요하다.

1) C-0.5Mo & Mg-0.5Mo: 고온에서 탄소강 대신 사용하거나 중간 온도에서 Hydrogen-Attack이 예상되는 곳에서 사용한다. 최대 사용 가능 온도는 킬드강과 같이 538℃이나 371℃ 이상의 온도에서 킬드강보다 강도가 크다.
2) 1Cr-0.5Mo & 1.25Cr-0.5Mo: 고온에서 Hydrogen-Attack 혹은 황부식(Sulfur Corrosion)이 예상되는 곳에서 이용된다.
3) 2.25Cr-1Mo & 3Cr-1Mo: 고온에서의 Hydrogen-Attack이 예상되거나 고온 강도가 요구되는 곳에 이용한다.
4) 5Cr-0.5Mo: 550℉(288℃) 이상의 온도에서 복합적인 Sulfur Attack이 예상되는 곳에 자주 이용된다.
5) 7Cr-0.5Mo: 용액 중에 아민(MEA/DEA/TEA)의 농도가 5wt%를 넘을 때나 Crude & Vacuum 장치의 가열로 튜브에 이용된다.

6) 9%~1%: 황 함량이 높은 고온 유체(가열로 튜브)에 적용된다.

7) ANSI 4140(0.95Cr-0.3Mo), ANSI4340(1.83Ni-0.8Cr-0.25Mo): 압축기 임펠러와 축에 이용하기 위해 강도를 증가시킨 것으로, 황에 대한 응력 부식균열을 예방하기 위해 특별한 열처리가 필요하다.

■ Ferritic & Martensitic 스테인리스강

황화·산화·수소 공정에 대한 저항이 크고 염소에 의한 응력 부식균열이 민감하지 않다. 다만 염소·황 화합물 수용액에 대한 저항, 용접성, 고온 강도가 낮다. 885°F(474℃)에서 σ-phase 문제로 깨질 수 있다.

1) Type 405 & 410s(12Cr): 주로 Clad Lining 재료로 이용되며 중간 온도에서 저농도 황화수소에 대한 저항이 좋다.

2) Type 410s(13Cr): 밸브와 펌프의 Trim과 Tray에 널리 이용되며, 유체 중에 수소분압이 50psia를 넘을 경우에 열 교환기 튜브르 쓰인다.

■ Austenite 스테인리스강

산화·황화에 대한 저항이 크다. 316은 Naphthenic Acid에 대한 저항이 크고, 321 & 347은 Polythionic 산에 의한 응력 부식균열에 대한 저항이 크다. 염소 수용액에 의한 응력 부식균열에 민감하다.

1) Type 304(18Cr-8Ni): 고온에서 H_2와 H_2S에 의한 공격이 예상되는 열 교환기 튜브와 용접이 필요 없는 장치에 이용된다. Folythioic 산과 염소에 의한 응력 부식에 민감하다.

2) Type 316(18Cr-8Ni-2.5Mo): 인산, Naphthenic 산, 저농도의 황산과 같은 부식 환경에 사용된다. 또한 고온 강도가 요구되는 곳에 이용하기도 한다. 유체 중에 수소분압이 50psia를 넘을 경우에 427~871℃의 온

도에서 Polythionic산에 노출될 경우 응력 부식 균열이 일어날 수 있다.

3) Type 309(25Cr-12Ni) & Type 310(25Cr-20Ni): 1093℃까지 산화 저항을 높인 것으로 고온 용도와 가열로의 튜브 지지대로 이용된다.

4) Type 321 & Type 347(18Cr-10Ni): Ti과 Cb(Columbium)을 첨가하여 조직을 안정화시킴으로써 용접 시 Carbide의 침전을 막아 경계면 부식(Intergranular Corrosion)을 예방한다. Type 304와 마찬가지로 황이 포함된 유체를 다루는 장비의 경우 표면이 황화되었기 때문에 공기와 접촉할 때는 소다재로 먼저 중화시켜야 한다.

5) Carpenter 20(20Cr-29Ni-2Mo-3Cu): 황산 혹은 염소에 의한 더 큰 저항을 위해 개발되었고 용접성이 낮은 편이다.

■ 니켈 합금

1) Monel(70Ni-30Cu): Chloride & Fluoride 공격이 예상되는 곳이나 바닷물에 널리 이용된다. 그러나 204℃ 이상의 온도에서 황 화합물에 민감하다.

2) Inconel 600/625(62~76Ni, 16~22Cr): 1093℃까지의 온도에서 높은 산화/환원 저항이 요구되는 곳에 이용된다. 그러나 538℃ 이상의 Sulfur 혹은 Sulfide 분위기에서는 적당하지 않고, 황산·염산·불산을 다루는 곳에서 Monel보다 성능이 떨어진다.

3) Incoly 800/825(33~42Ni, 21~22Cr): Austenite 스테인리스강과 비슷하나 Ni 함량이 높아서 Chloride Stress Corrosion Cracking에 대한 저항이 크다.

4) Hastelloy B/C(59~65Ni, 16~30Mo): 매우 심한 부식 환경에 이용된다.

■ 구리 합금

1) Admiralty(70Cu-29Zn-1Sn): Water Condenser의 튜브 재질로 이용된다. 204℃ 이상에서 강도가 떨어지고 pH 8 이상에서 부식이 심하므로 암모니아를 포함한 용액에는 사용이 곤란하다. 용접하기 어렵고 바닷물에 대한 저항이 다른 구리 합금에 비해 낮다.

2) Aluminum Brass(77Cu-21Zn-2Al): Admiralty와 비슷하나 바닷물에 대한 저항이 더 커서 해수 응축기로 이동된다.

3) Naval Brass(60Cu-Zn39-1Sn): 상기 1)과 2)의 재료를 사용할 때 튜브 Sheet로 이용된다.

4) 90Cu-10Ni: 해수에 대한 저항이 크나 황 화합물 수용액에 대한 저항이 낮다.

5) 70Cu-30Ni: 해수에 대한 저항이 크고 암모니아에 의한 응력 부식균열에 민감하지 않다. 강도가 크고 용접성이 좋으며 황 화합물 수용액에 대한 저항도가 크다.

6) Aluminum Bronze(91Cu-7Al): 해수에 대한 저항이 크고 용접성이 좋으나 사후 열처리가 필요하다.

■ 티타늄

Chloride Cracking/바닷물/Sour Water 등에 의한 부식에 가장 뛰어난 저항을 보인다. 요즈음 니켈 합금과의 가격 경쟁력이 향상되면서 심한 부식 환경의 열 교환기 튜브로 사용되는 경향이 증가하고 있다.

■ 재질 가격 비교

표 4-6 각 재질의 가격 비교표

Material	Ratio = Cost per pound for metal cost per pound for steel
Flange quality steel	1
304 Stainless-Steel-Clad-Steel	5
316 Stainless-Steel-Clad-Steel	6
Aluminum (99plus)	6
304 Stainless Steel	7
Copper (99.9 plus)	7
Nickel-Clad Steel	8
Monel-Clad Steel	8
Inconel-Clad Steel	9
316 Stainless Steel	10
Monel	10
Nickel	12
Inconel	13
Hastelloy C	40

■ 부식 환경에 따른 재질 선정표

아래의 테이블(Table)은 사용하고자 하는 가스에 대한 부식성을 나타낸다. 이에 따른 적절한 재질을 선정할 것을 추천한다. 그러나 반도체, LCD, LED, 태양광 등에 사용되는 가스들은 초순도 물질을 요구하므로 이에 대한 대비책도 고려해야 한다.

아래 테이블에서 사용되는 약어는

금속

E(Excellent):　　　　$<$　2 Mils Penetration per Year

G(Good):　　　　　 $<$　20 Mils Penetration per Year

S(Satisfactory):　　　$<$　50 Mils Penetration per Year

U(Unsatisfactory):　$>$　50 Mils Penetration per Year

비금속

R: Resistant

S: Unsatisfactory

1) 암모니아 가스(Ammonia Gas)

METALS	°C	15	26	38	49	60	71	82	93	104	116	127	138	149	160	171	182	193	204	216	227	238	249	260	271	282	293
	°F	60	80	100	120	140	160	180	200	220	240	260	280	300	320	340	360	380	400	420	440	460	480	500	520	540	560
ALUMINUM	S																										
BRASS	U																										
CARBON STEEL	E																										
COPPER	U																										
INCONEL																											
MONEL	U																										
NICKEL	E																										
STAINLESS STEELS																											
Type 304/347	E																										
Type 316	E																										

PLASTICS	°C	15	26	38	49	60	71	82	93	104	116	127	138	149	160	171	182	193	204	216	227	238	249	260	271	282	293
	°F	60	80	100	120	140	160	180	200	220	240	260	280	300	320	340	360	380	400	420	440	460	480	500	520	540	560
CPVC DRY	R																										
EPOXY DRY	R							U																			
PVDF (Kynar)	R																										
TFE (Teflon)	R																										

ELASTOMERS AND LININGS	°C	15	26	38	49	60	71	82	93	104	116	127	138	149	160	171	182	193	204	216	227	238
	°F	60	80	100	120	140	160	180	200	220	240	260	280	300	320	340	360	380	400	420	440	460
ETHYLENE-PROPYLENE (EPM)																						
ETHYLENE-PROPYLENE-DIENE (EPDM)	R																					
FKM (Viton A)	U																					
NATURAL RUBBER (GRS)	U																					
NEOPRENEGR-M (CR)	R																					

2) 아르곤(Argon)

ARGON

METALS

METALS	°C	15	26	38	49	60	71	82	93	104	116	127	138	149	160	171	182	193	204	216	777	238	249	260	271	282	293
	°F	60	80	100	120	140	160	180	200	220	240	260	280	300	320	340	360	380	400	420	440	460	480	500	520	540	560
ALUMINUM	E																										
BRASS	E																										
CARBON STEEL	E																										
COPPER	E																										
INCONEL																											
MONEL																											
NICKEL																											
STAINLESS STEELS																											
Type 304/347	E																										
Type 316	E																										

PLASTICS

PLASTICS	°C	15	26	38	49	60	71	82	93	104	116	127	138	149	160	171	182	193	204	216	227	238	249	260	271	282	293
	°F	60	80	100	120	140	160	180	200	220	240	260	280	300	320	340	360	380	400	420	440	460	480	500	520	540	560
CPVC																											
EPOXY																											
PVDF (Kynar)																											
TFE (Teflon)	R																										

ELASTOMERS AND LININGS

ELASTOMERS AND LININGS	°C	15	26	38	49	60	71	82	93	104	116	127	138	149	160	171	182	193	204	216	227	238
	°F	60	80	100	120	140	160	180	200	220	240	260	280	300	320	340	360	380	400	420	440	460
ETHYLENE-PROPYLENE (EPM)																							
ETHYLENE-PROPYLENE-DIENE (EPDM)	R	—																				
FKM (Viton A)	R	—																				
NATURAL RUBBER (GRS)	U																						
NEOPRENEGR-M (CR)	R	—																					

3) 비산(Arsenic Acid)

METALS	°C	15	26	38	49	60	71	82	93	104	116	127	138	149	160	171	182	193	204	216	227	238	249	260	271	282	293
	°F	60	80	100	120	140	160	180	200	220	240	260	280	300	320	340	360	380	400	420	440	460	480	500	520	540	560
ALUMINUM	U																										
BRASS	U																										
CARBON STEEL	U																										
COPPER 90%	G																										
INCONEL	U																										
MONEL	U																										
NICKEL	U																										
STAINLESS STEELS																											
Type 304/347	G																										
Type 316	G																										

PLASTICS	°C	15	26	38	49	60	71	82	93	104	116	127	138	149	160	171	182	193	204	216	227	238	249	260	271	282	293
	°F	60	80	100	120	140	160	180	200	220	240	260	280	300	320	340	360	380	400	420	440	460	480	500	520	540	560
CPVC 80%	R																										
EPOXY	R																										
PVDF (Kynar)	R																										
TFE (Teflon)	R																										

ELASTOMERS AND LININGS	°C	15	26	38	49	60	71	82	93	104	116	127	138	149	160	171	182	193	204	216	227	238
	°F	60	80	100	120	140	160	180	200	220	240	260	280	300	320	340	360	380	400	420	440	460
ETHYLENE-PROPYLENE (EPM)	R																					
ETHYLENE-PROPYLENE-DIENE (EPDM)	R																					
FKM (Viton A)	R																					
NATURAL RUBBER (GRS)	U																					
NEOPRENEGR-M (CR)	R																					

4) 수분을 함유하고 있지 않은 브롬 가스(Bronmine Gas Dry)

BRONMINE GAS DRY

METALS	°C	15	26	38	49	60	71	82	93	104	116	127	138	149	160	171	182	193	204	216	227	238	249	260	271	282	293
	°F	60	80	100	120	140	160	180	200	220	240	260	280	300	320	340	360	380	400	420	440	460	480	500	520	540	560
ALUMINUM	G	U																									
BRASS																											
CARBON STEEL	U																										
COPPER	E																										
INCONEL	G																										
MONEL	E																										
NICKEL	E																										
STAINLESS STEELS																											
Type 304/347	U																										
Type 316	U																										

PLASTICS	°C	15	26	38	49	60	71	82	93	104	116	127	138	149	160	171	182	193	204	216	227	238	249	260	271	282	293
	°F	60	80	100	120	140	160	180	200	220	240	260	280	300	320	340	360	380	400	420	440	460	480	500	520	540	560
CPVC	U																										
EPOXY	U																										
PVDF (Kynar)	R																										
TFE (Teflon)	R																										

ELASTOMERS AND LININGS	°C	15	26	38	49	60	71	82	93	104	116	127	138	149	160	171	182	193	204	216	227	238
	°F	60	80	100	120	140	160	180	200	220	240	260	280	300	320	340	360	380	400	420	440	460
ETHYLENE-PROPYLENE (EPM)																						
ETHYLENE-PROPYLENE-DIENE (EPDM)	U																					
FKM (Viton A) 25%	R																					
NATURAL RUBBER (GRS)																						
NEOPRENEGR-M (CR)	U																					

5) 수분을 함유한 브롬 가스(Bronmine Gas Wet)

BRONMINE GAS MOIST

METALS	°C	15	26	38	49	60	71	82	93	104	116	127	138	149	160	171	182	193	204	216	227	238	249	260	271	282	293
	°F	60	80	100	120	140	160	180	200	220	240	260	280	300	320	340	360	380	400	420	440	460	480	500	520	540	560
ALUMINUM	U																										
BRASS																											
CARBON STEEL	U																										
COPPER	E																										
INCONEL	U																										
MONEL	U																										
NICKEL	U																										
STAINLESS STEELS																											
Type 304/347	U																										
Type 316	U																										

PLASTICS	°C	15	26	38	49	60	71	82	93	104	116	127	138	149	160	171	182	193	204	216	227	238	249	260	271	282	293
	°F	60	80	100	120	140	160	180	200	220	240	260	280	300	320	340	360	380	400	420	440	460	480	500	520	540	560
CPVC	U																										
EPOXY	U																										
PVDF (Kynar)	R																										
TFE (Teflon)	R																										

ELASTOMERS AND LININGS	°C	15	26	38	49	60	71	82	93	104	116	127	138	149	160	171	182	193	204	216	227	238
	°F	60	80	100	120	140	160	180	200	220	240	260	280	300	320	340	360	380	400	420	440	460
ETHYLENE-PROPYLENE (EPM)																						
ETHYLENE-PROPYLENE-DIENE (EPDM)	U																					
FKM (Viton A) 25%	R																					
NATURAL RUBBER (GRS)																						
NEOPRENEGR-M (CR)	U																					

6) 부탄(Butane)

METALS

	°C	15	26	38	49	60	71	82	93	104	116	127	138	149	160	171	182	193	204	216	227	238	249	260	271	282	293
METALS	°F	60	80	100	120	140	160	180	200	220	240	260	280	300	320	340	360	380	400	420	440	460	480	500	520	540	560
ALUMINUM	G																										
BRASS	G																										
CARBON STEEL	E																										
COPPER	G																										
INCONEL	E																										
MONEL	E																										
NICKEL	E																										
STAINLESS STEELS																											
Type 304/347	G																										
Type 316	G																										

PLASTICS

	°C	15	26	38	49	60	71	82	93	104	116	127	138	149	160	171	182	193	204	216	227	238	249	260	271	282	293
PLASTICS	°F	60	80	100	120	140	160	180	200	220	240	260	280	300	320	340	360	380	400	420	440	460	480	500	520	540	560
CPVC	R																										
EPOXY	R																										
PVDF (Kynar)	R																										
TFE (Teflon)	R																										

ELASTOMERS AND LININGS

	°C	15	26	38	49	60	71	82	93	104	116	127	138	149	160	171	182	193	204	216	227	238
ELASTOMERS AND LININGS	°F	60	80	100	120	140	160	180	200	220	240	260	280	300	320	340	360	380	400	420	440	460
ETHYLENE-PROPYLENE (EPM)																						
ETHYLENE-PROPYLENE-DIENE (EPDM)	U																					
FKM (Viton A) 25%	R																					
NATURAL RUBBER (GRS)																						
NEOPRENEGR-M (CR)	U																					

7) 수분을 함유하고 있지 않은 이산화탄소(Carbon Dioxide Dry)

CARBON DIOXIDE DRY

METALS	°C	15	26	38	49	60	71	82	93	104	116	127	138	149	160	171	182	193	204	216	227	238	249	260	271	282	293
	°F	60	80	100	120	140	160	180	200	220	240	260	280	300	320	340	360	380	400	420	440	460	480	500	520	540	560
ALUMINUM	E																										
BRASS	E																										
CARBON STEEL	G																										
COPPER	G																										
INCONEL	G																										
MONEL	E																										
NICKEL	G																										
STAINLESS STEELS																											
Type 304/347	G																										
Type 316	G																										

PLASTICS	°C	15	26	38	49	60	71	82	93	104	116	127	138	149	160	171	182	193	204	216	227	238	249	260	271	282	293
	°F	60	80	100	120	140	160	180	200	220	240	260	280	300	320	340	360	380	400	420	440	460	480	500	520	540	560
CPVC	R																										
EPOXY	R																										
PVDF (Kynar)	R																										
TFE (Teflon)	R																										

ELASTOMERS AND LININGS	°C	15	26	38	49	60	71	82	93	104	116	127	138	149	160	171	182	193	204	216	227	238
	°F	60	80	100	120	140	160	180	200	220	240	260	280	300	320	340	360	380	400	420	440	460
ETHYLENE-PROPYLENE (EPM)																						
ETHYLENE-PROPYLENE-DIENE (EPDM)	R																					
FKM (Viton A)	R—U																					
NATURAL RUBBER (GRS)	R																					
NEOPRENEGR-M (CR)	R																					

8) 수분을 함유하고 있는 이산화탄소(Carbon Dioxide Wet)

CARBON DIOXIDE WET

METALS		°C 15	26	38	49	60	71	82	93	104	116	127	138	149	160	171	182	193	204	216	227	238	249	260	271	282	293
		°F 60	80	100	120	140	160	180	200	220	240	260	280	300	320	340	360	380	400	420	440	460	480	500	520	540	560
ALUMINUM	E																										
BRASS	U																										
CARBON STEEL	S																										
COPPER 4	G																										
INCONEL	G																										
MONEL 4	G																										
NICKEL	G																										
STAINLESS STEELS																											
Type 304/347	G																										
Type 316	G																										

PLASTICS		°C 15	26	38	49	60	71	82	93	104	116	127	138	149	160	171	182	193	204	216	227	238	249	260	271	282	293
		°F 60	80	100	120	140	160	180	200	220	240	260	280	300	320	340	360	380	400	420	440	460	480	500	520	540	560
CPVC	R																										
EPOXY	R																										
PVDF (Kynar)	R																										
TFE (Teflon)	R																										

ELASTOMERS AND LININGS		°C 15	26	38	49	60	71	82	93	104	116	127	138	149	160	171	182	193	204	216	227	238
		°F 60	80	100	120	140	160	180	200	220	240	260	280	300	320	340	360	380	400	420	440	460
ETHYLENE-PROPYLENE (EPM)																						
ETHYLENE-PROPYLENE-DIENE (EPDM)	R																					
FKM (Viton A)	R U																					
NATURAL RUBBER (GRS)	R																					
NEOPRENEGR-M (CR)	R																					

9) 수분을 함유하고 있지 않은 염소(Chlorine Gas Dry)

CHLORINE GAS DRY

METALS	°C / °F	15/60	26/80	38/100	49/120	60/140	71/160	82/180	93/200	104/220	116/240	127/260	138/280	149/300	160/320	171/340	182/360	193/380	204/400	216/420	227/440	238/460	249/480	260/500	271/520	282/540	293/560
ALUMINUM	G									U																	
BRASS	G																										
CARBON STEEL	G																										
COPPER	G																										
INCONEL	G																										
MONEL	E									G																	
NICKEL	G																										
STAINLESS STEELS																											
Type 304/347	U																										
Type 316	G																										

PLASTICS	°C / °F	15/60	26/80	38/100	49/120	60/140	71/160	82/180	93/200	104/220	116/240	127/260	138/280	149/300	160/320	171/340	182/360	193/380	204/400	216/420	227/440	238/460	249/480	260/500	271/520	282/540	293/560
CPVC	R																										
EPOXY	R																										
PVDF (Kynar)	R																										
TFE (Teflon)	R																										

ELASTOMERS AND LININGS	°C / °F	15/60	26/80	38/100	49/120	60/140	71/160	82/180	93/200	104/220	116/240	127/260	138/280	149/300	160/320	171/340	182/360	193/380	204/400	216/420	227/440	238/460
ETHYLENE-PROPYLENE (EPM)																						
ETHYLENE-PROPYLENE-DIENE (EPDM)	U																					
FKM (Viton A)	R																					
NATURAL RUBBER (GRS)	U																					
NEOPRENEGR-M (CR)	U																					

10) 수분을 함유하고 있는 염소(Chlorine Gas Wet)

CHLORINE GAS WET

METALS

°C / °F	15/60	26/80	38/100	49/120	60/140	71/160	82/180	93/200	104/220	116/240	127/260	138/280	149/300	160/320	171/340	182/360	193/380	204/400	216/420	227/440	238/460	249/480	260/500	271/520	282/540	293/560
ALUMINUM	U																									
BRASS	U																									
CARBON STEEL	U																									
COPPER	U																									
INCONEL	U																									
MONEL	S		U																							
NICKEL	U																									
STAINLESS STEELS																										
Type 304/347	U																									
Type 316	U																									

PLASTICS

°C / °F	15/60	26/80	38/100	49/120	60/140	71/160	82/180	93/200	104/220	116/240	127/260	138/280	149/300	160/320	171/340	182/360	193/380	204/400	216/440	227/460	238/480	249/500	260/520	271/540	282/560	293
CPVC	U																									
EPOXY	U																									
PVDF (Kynar)	R	——	——	——	——	——	——	——	——	——	——															
TFE (Teflon)	R	——	——	——	——	——	——	——	——	——	——	——	——	——	——	——	——	——	——	——	——	——	——	——	——	

ELASTOMERS AND LININGS

°C / °F	15/60	26/80	38/100	49/120	60/140	71/160	82/180	93/200	104/220	116/240	127/260	138/280	149/300	160/320	171/340	182/360	193/380	204/400	216/420	227/440	238/460
ETHYLENE-PROPYLENE (EPM)																					
ETHYLENE-PROPYLENE-DIENE (EPDM)	U																				
FKM (Viton A)	R	——	——	——																	
NATURAL RUBBER (GRS)	R	—																			
NEOPRENEGR-M (CR)	U																				

11) 디메틸아민(Demethylamine)

METALS	°C 15	26	38	49	60	71	82	93	104	116	127	138	149	160	171	182	193	204	216	227	238	249	260	271	282	293
	°F 60	80	100	120	140	160	180	200	220	240	260	280	300	320	340	360	380	400	420	440	460	480	500	520	540	560
ALUMINUM																										
BRASS	U																									
CARBON STEEL																										
COPPER	U																									
INCONEL																										
MONEL																										
NICKEL																										
STAINLESS STEELS																										
Type 304/347	G																									
Type 316																										

PLASTICS	°C 15	26	38	49	60	71	82	93	104	116	127	138	149	160	171	182	193	204	216	227	238	249	260	271	282	293
	°F 60	80	100	120	140	160	180	200	220	240	260	280	300	320	340	360	380	400	420	440	460	480	500	520	540	560
CPVC	U																									
EPOXY	U																									
PVDF (Kynar)	R																									
TFE (Teflon)	R																									

ELASTOMERS AND LININGS	°C 15	26	38	49	60	71	82	93	104	116	127	138	149	160	171	182	193	204	216	227	238
	°F 60	80	100	120	140	160	180	200	220	240	260	280	300	320	340	360	380	400	420	440	460
ETHYLENE-PROPYLENE (EPM)																					
ETHYLENE-PROPYLENE-DIENE (EPDM)	R																				
FKM (Viton A)	U																				
NATURAL RUBBER (GRS)																					
NEOPRENEGR-M (CR)	U																				

12) 에탄(Ethane)

METALS	°C	15	26	38	49	60	71	82	93	104	116	127	138	149	160	171	182	193	204	216	227	238	249	260	271	282	293
	°F	60	80	100	120	140	160	180	200	220	240	260	280	300	320	340	360	380	400	420	440	460	480	500	520	540	560
ALUMINUM	G																										
BRASS																											
CARBON STEEL	G																										
COPPER																											
INCONEL																											
MONEL																											
NICKEL																											
STAINLESS STEELS																											
Type 304/347																											
Type 316	E																										

PLASTICS	°C	15	26	38	49	60	71	82	93	104	116	127	138	149	160	171	182	193	204	216	227	238	249	260	271	282	293
	°F	60	80	100	120	140	160	180	200	220	240	260	280	300	320	340	360	380	400	420	440	460	480	500	520	540	560
CPVC																											
EPOXY																											
PVDF (Kynar)																											
TFE (Teflon)	R																										

ELASTOMERS AND LININGS	°C	15	26	38	49	60	71	82	93	104	116	127	138	149	160	171	182	193	204	216	227	238
	°F	60	80	100	120	140	160	180	200	220	240	260	280	300	320	340	360	380	400	420	440	460
ETHYLENE-PROPYLENE (EPM)																						
ETHYLENE-PROPYLENE-DIENE (EPDM)	U																					
FKM (Viton A)	R																					
NATURAL RUBBER (GRS)	U																					
NEOPRENEGR-M (CR)																						

13) 에틸클로라이드(Ethyl Chloride)

METALS	°C	15	26	38	49	60	71	82	93	104	116	127	138	149	160	171	182	193	204	216	227	238	249	260	271	282	293
	°F	60	80	100	120	140	160	180	200	220	240	260	280	300	320	340	360	380	400	420	440	460	480	500	520	540	560
ALUMINUM DRY	G																										
BRASS DRY	G																										
CARBON STEEL	G																										
COPPER	G																										
INCONEL DRY	E																										
MONEL	G																										
NICKEL DRY	E																										
STAINLESS STEELS																											
Type 304/347	E																										
Type 316	E																										

PLASTICS	°C	15	26	38	49	60	71	82	93	104	116	127	138	149	160	171	182	193	204	216	227	238	249	260	271	282	293
	°F	60	80	100	120	140	160	180	200	220	240	260	280	300	320	340	360	380	400	420	440	460	480	500	520	540	560
CPVC	U																										
EPOXY	R	U																									
PVDF (Kynar)	R																										
TFE (Teflon)	R																										

ELASTOMERS AND LININGS	°C	15	26	38	49	60	71	82	93	104	116	127	138	149	160	171	182	193	204	216	227	238
	°F	60	80	100	120	140	160	180	200	220	240	260	280	300	320	340	360	380	400	420	440	460
ETHYLENE-PROPYLENE (EPM)	R																					
ETHYLENE-PROPYLENE-DIENE (EPDM)	R																					
FKM (Viton A)	R																					
NATURAL RUBBER (GRS)	U																					
NEOPRENEGR-M (CR)	U																					

14) 에틸렌글리콜(Ethylene Glycol)

ETHYLENE GLYCOL

METALS

METALS	°C	15	26	38	49	60	71	82	93	104	116	127	138	149	160	171	182	193	204	216	227	238	249	260	271	282	293
	°F	60	80	100	120	140	160	180	200	220	240	260	280	300	320	340	360	380	400	420	440	460	480	500	520	540	560
ALUMINUM	E																										
BRASS	G																										
CARBON STEEL	G																										
COPPER	G																										
INCONEL	G																										
MONEL	G																										
NICKEL	G																										
STAINLESS STEELS																											
Type 304/347	G																										
Type 316	G																										

PLASTICS

PLASTICS	°C	15	26	38	49	60	71	82	93	104	116	127	138	149	160	171	182	193	204	216	227	238	249	260	271	282	293
	°F	60	80	100	120	140	160	180	200	220	240	260	280	300	320	340	360	380	400	420	440	460	480	500	520	540	560
CPVC	R																										
EPOXY	R																										
PVDF (Kynar)	R																										
TFE (Teflon)	R																										

ELASTOMERS AND LININGS

ELASTOMERS AND LININGS	°C	15	26	38	49	60	71	82	93	104	116	127	138	149	160	171	182	193	204	216	227	238
	°F	60	80	100	120	140	160	180	200	220	240	260	280	300	320	340	360	380	400	420	440	460
ETHYLENE-PROPYLENE (EPM)	R																					
ETHYLENE-PROPYLENE-DIENE (EPDM)	R																					
FKM (Viton A)	R																					
NATURAL RUBBER (GRS)	R																					
NEOPRENEGR-M (CR)	R																					

15) 수분을 함유하고 있지 않은 플로린 가스(Fluorine Gas Dry)

FLUORINE GAS DRY

METALS	°C	15	26	38	49	60	71	82	93	104	116	127	138	149	160	171	182	193	204	216	227	238	249	260	271	282	293
	°F	60	80	100	120	140	160	180	200	220	240	260	280	300	320	340	360	380	400	420	440	460	480	500	520	540	560
ALUMINUM		U																		G				U			
BRASS																											
CARBON STEEL		U																									
COPPER		U																									
INCONEL		G																									
MONEL		U																									
NICKEL		G																									
STAINLESS STEELS																											
Type 304/347		U																		G				U			
Type 316		U																									

PLASTICS	°C	15	26	38	49	60	71	82	93	104	116	127	138	149	160	171	182	193	204	216	227	238	249	260	271	282	293
	°F	60	80	100	120	140	160	180	200	220	240	260	280	300	320	340	360	380	400	420	440	460	480	500	520	540	560
CPVC		U																									
EPOXY		R																									
PVDF (Kynar)		R																									
TFE (Teflon)		R																									

ELASTOMERS AND LININGS	°C	15	26	38	49	60	71	82	93	104	116	127	138	149	160	171	182	193	204	216	227	238
	°F	60	80	100	120	140	160	180	200	220	240	260	280	300	320	340	360	380	400	420	440	460
ETHYLENE-PROPYLENE (EPM)																						
ETHYLENE-PROPYLENE-DIENE (EPDM)																						
FKM (Viton A)		U																				
NATURAL RUBBER (GRS)		U																				
NEOPRENEGR-M (CR)		U																				

16) 수분을 함유하고 있는 플로린 가스(Fluorine Gas Wet)

FLUORINE GAS MOIST

METALS	°C	15	26	38	49	60	71	82	93	104	116	127	138	149	160	171	182	193	204	216	227	238	249	260	271	282	293
	°F	60	80	100	120	140	160	180	200	220	240	260	280	300	320	340	360	380	400	420	440	460	480	500	520	540	560
ALUMINUM	U																										
BRASS																											
CARBON STEEL	U																										
COPPER	U																										
INCONEL	G																										
MONEL	U																										
NICKEL	G																										
STAINLESS STEELS																											
Type 304/347	U																										
Type 316	U																										

PLASTICS	°C	15	26	38	49	60	71	82	93	104	116	127	138	149	160	171	182	193	204	216	227	238	249	260	271	282	293
	°F	60	80	100	120	140	160	180	200	220	240	260	280	300	320	340	360	380	400	420	440	460	480	500	520	540	560
CPVC	R—																										
EPOXY																											
PVDF (Kynar)	R————————————																										
TFE (Teflon)	R———————																										

ELASTOMERS AND LININGS	°C	15	26	38	49	60	71	82	93	104	116	127	138	149	160	171	182	193	204	216	227	238
	°F	60	80	100	120	140	160	180	200	220	240	260	280	300	320	340	360	380	400	420	440	460
ETHYLENE-PROPYLENE (EPM)																						
ETHYLENE-PROPYLENE-DIENE (EPDM)	R																					
FKM (Viton A)	U																					
NATURAL RUBBER (GRS)																						
NEOPRENEGR-M (CR)	U																					

17) 수소(Hydrogen)

METALS

METALS	°C	15	26	38	49	60	71	82	93	104	116	127	138	149	160	171	182	193	204	216	227	238	249	260	271	282	293
	°F	60	80	100	120	140	160	180	200	220	240	260	280	300	320	340	360	380	400	420	440	460	480	500	520	540	560
ALUMINUM	E																										
BRASS	E																										
CARBON STEEL	E																										
COPPER																											
INCONEL	E																										
MONEL	E																										
NICKEL	E																			U								
STAINLESS STEELS																											
Type 304/347	E																										
Type 316	E																										

PLASTICS

PLASTICS	°C	15	26	38	49	60	71	82	93	104	116	127	138	149	160	171	182	193	204	216	227	238	249	260	271	282	293
	°F	60	80	100	120	140	160	180	200	220	240	260	280	300	320	340	360	380	400	420	440	460	480	500	520	540	560
CPVC	U																										
EPOXY	R																										
PVDF (Kynar)	R																										
TFE (Teflon)	R																										

ELASTOMERS AND LININGS

ELASTOMERS AND LININGS	°C	15	26	38	49	60	71	82	93	104	116	127	138	149	160	171	182	193	204	216	227	238
	°F	60	80	100	120	140	160	180	200	220	240	260	280	300	320	340	360	380	400	420	440	460
ETHYLENE-PROPYLENE (EPM)																						
ETHYLENE-PROPYLENE-DIENE (EPDM)	R																					
FKM (Viton A)	R																					
NATURAL RUBBER (GRS)	U																					
NEOPRENEGR-M (CR)	R																					

18) 수분을 함유하고 있지 않은 염화수소 가스(Hydrogen Chloride Gas Dry)

HYDROGEN CHLORIDE GAS DRY

METALS	°C	15	26	38	49	60	71	82	93	104	116	127	138	149	160	171	182	193	204	216	227	238	249	260	271	282	293
	°F	60	80	100	120	140	160	180	200	220	240	260	280	300	320	340	360	380	400	420	440	460	480	500	520	540	560
ALUMINUM	U																										
BRASS	G																										
CARBON STEEL	G																										
COPPER	U																										
INCONEL	E																										
MONEL	E																										
NICKEL	E																										
STAINLESS STEELS																											
Type 304/347	E																										
Type 316	E																										

PLASTICS	°C	15	26	38	49	60	71	82	93	104	116	127	138	149	160	171	182	193	204	216	227	238	249	260	271	282	293
	°F	60	80	100	120	140	160	180	200	220	240	260	280	300	320	340	360	380	400	420	440	460	480	500	520	540	560
CPVC																											
EPOXY	R				U																						
PVDF (Kynar)	R																										
TFE (Teflon)	R																										

ELASTOMERS AND LININGS	°C	15	26	38	49	60	71	82	93	104	116	127	138	149	160	171	182	193	204	216	227	238
	°F	60	80	100	120	140	160	180	200	220	240	260	280	300	320	340	360	380	400	420	440	460
ETHYLENE-PROPYLENE (EPM)																						
ETHYLENE-PROPYLENE-DIENE (EPDM)	R																					
FKM (Viton A)	R																					
NATURAL RUBBER (GRS)	R																					
NEOPRENEGR-M (CR)	R																					

19) 수분을 함유하고 있는 염화수소 가스(Hydrogen Chloride Gas Wet)

HYDROGEN CHLORIDE GAS MOIST

METALS	°C 15 / °F 60	26/80	38/100	49/120	60/140	71/160	82/180	93/200	104/220	116/240	127/260	138/280	149/300	160/320	171/340	182/360	193/380	204/400	216/420	227/440	238/460	249/480	260/500	271/520	282/540	293/560
ALUMINUM	U																									
BRASS																										
CARBON STEEL	E																									
COPPER																										
INCONEL	U																									
MONEL	G																									
NICKEL	G																									
STAINLESS STEELS Type 304/347	G																	U								
Type 316	G																									

PLASTICS	°C 15 / °F 60	26/80	38/100	49/120	60/140	71/160	82/180	93/200	104/220	116/240	127/260	138/280	149/300	160/320	171/340	182/360	193/380	204/400	216/420	227/440	238/460	249/480	260/500	271/520	282/540	293/560
CPVC	R																									
EPOXY																										
PVDF (Kynar)	R																									
TFE (Teflon)	R																									

ELASTOMERS* AND LININGS	°C 15 / °F 60	26/80	38/100	49/120	60/140	71/160	82/180	93/200	104/220	116/240	127/260	138/280	149/300	160/320	171/340	182/360	193/380	204/400	216/420	227/440	238/460
ETHYLENE-PROPYLENE (EPM)																					
ETHYLENE-PROPYLENE-DIENE (EPDM)	R																				
FKM (Viton A)																					
NATURAL RUBBER (GRS)	R																				
NEOPRENEGR-M (CR)																					

20) 불화수소(Hydrogen Fluoride)

HYDROGEN FLUORIDE

METALS	°C	15	26	38	49	60	71	82	93	104	116	127	138	149	160	171	182	193	204	216	227	238	249	260	271	282	293
	°F	60	80	100	120	140	160	180	200	220	240	260	280	300	320	340	360	380	400	420	440	460	480	500	520	540	560
ALUMINUM		G		U																							
BRASS		G																									
CARBON STEEL 20%		U																									
COPPER		G																									
INCONEL		G																									
MONEL		G																									
NICKEL		E		G																							
STAINLESS STEELS																											
Type 304/347		E		G																							
Type 316		E		G																							

PLASTICS	°C	15	26	38	49	60	71	82	93	104	116	127	138	149	160	171	182	193	204	216	227	238	249	260	271	282	293
	°F	60	80	100	120	140	160	180	200	220	240	260	280	300	320	340	360	380	400	420	440	460	480	500	520	540	560
CPVC		U																									
EPOXY		R																									
PVDF (Kynar)		R																									
TFE (Teflon)		R																									

ELASTOMERS AND LININGS	°C	15	26	38	49	60	71	82	93	104	116	127	138	149	160	171	182	193	204	216	227	238
	°F	60	80	100	120	140	160	180	200	220	240	260	280	300	320	340	360	380	400	420	440	460
ETHYLENE-PROPYLENE (EPM)																						
ETHYLENE-PROPYLENE-DIENE (EPDM)																						
FKM (Viton A)		R																				
NATURAL RUBBER (GRS)		U																				
NEOPRENEGR-M (CR)		U																				

21) 수분을 함유하고 있지 않은 황화수소(Hydrogen Sulfide Dry)

HYDROGEN SULFIDE DRY

METALS	°C	15	26	38	49	60	71	82	93	104	116	127	138	149	160	171	182	193	204	216	227	238	249	260	271	282	293
	°F	60	80	100	120	140	160	180	200	220	240	260	280	300	320	340	360	380	400	420	440	460	480	500	520	540	560
ALUMINUM	G																										
BRASS	G																										
CARBON STEEL	G																										
COPPER	U																										
INCONEL	G																										
MONEL	G																										
NICKEL	G																							U				
STAINLESS STEELS																											
Type 304/347	G																										
Type 316	E							G																			

PLASTICS	°C	15	26	38	49	60	71	82	93	104	116	127	138	149	160	171	182	193	204	216	227	238	249	260	271	282	293
	°F	60	80	100	120	140	160	180	200	220	240	260	280	300	320	340	360	380	400	420	440	460	480	500	520	540	560
CPVC	R																										
EPOXY	R																										
PVDF (Kynar)	R																										
TFE (Teflon)	R																										

ELASTOMERS AND LININGS	°C	15	26	38	49	60	71	82	93	104	116	127	138	149	160	171	182	193	204	216	227	238
	°F	60	80	100	120	140	160	180	200	220	240	260	280	300	320	340	360	380	400	420	440	460
ETHYLENE-PROPYLENE (EPM)																							
ETHYLENE-PROPYLENE-DIENE (EPDM)	R																						
FKM (Viton A)	U																						
NATURAL RUBBER (GRS)	R																						
NEOPRENEGR-M (CR)	R																						

22) 수분을 함유하고 있는 황화수소(Hydrogen Sulfide Wet)

HYDROGEN SULFIDE WET

METALS	°C	15	26	38	49	60	71	82	93	104	116	127	138	149	160	171	182	193	204	216	227	238	249	260	271	282	293
	°F	60	80	100	120	140	160	180	200	220	240	260	280	300	320	340	360	380	400	420	440	460	480	500	520	540	560
ALUMINUM	G																										
BRASS	U																										
CARBON STEEL	G																										
COPPER	U																										
INCONEL	G																										
MONEL	U																										
NICKEL	U																										
STAINLESS STEELS																											
Type 304/347	U																										
Type 316	G																										

PLASTICS	°C	15	26	38	49	60	71	82	93	104	116	127	138	149	160	171	182	193	204	216	227	238	249	260	271	282	293
	°F	60	80	100	120	140	160	180	200	220	240	260	280	300	320	340	360	380	400	420	440	460	480	500	520	540	560
CPVC																											
EPOXY	R																										
PVDF (Kynar)	R																										
TFE (Teflon)	R																										

ELASTOMERS AND LININGS	°C	15	26	38	49	60	71	82	93	104	116	127	138	149	160	171	182	193	204	216	227	238
	°F	60	80	100	120	140	160	180	200	220	240	260	280	300	320	340	360	380	400	420	440	460
ETHYLENE-PROPYLENE (EPM)																						
ETHYLENE-PROPYLENE-DIENE (EPDM)	R																					
FKM (Viton A)	R																					
NATURAL RUBBER (GRS)	U																					
NEOPRENEGR-M (CR)	R																					

23) 메탄 클로라이드(Methane Chloride)

METALS		°C	15	26	38	49	60	71	82	93	104	116	127	138	149	160	171	182	193	204	216	227	238	249	260	271	282	293
		°F	60	80	100	120	140	160	180	200	220	240	260	280	300	320	340	360	380	400	420	440	460	480	500	520	540	560
ALUMINUM	U																											
BRASS	E																											
CARBON STEEL	U																											
COPPER	G																											
INCONEL	G																											
MONEL	G																											
NICKEL	G																											
STAINLESS STEELS																												
Type 304/347	E																											
Type 316	E																											

PLASTICS		°C	15	26	38	49	60	71	82	93	104	116	127	138	149	160	171	182	193	204	216	227	238	249	260	271	282	293
		°F	60	80	100	120	140	160	180	200	220	240	260	280	300	320	340	360	380	400	420	440	460	480	500	520	540	560
CPVC	U																											
EPOXY	U																											
PVDF (Kynar)	R																											
TFE (Teflon)	R																											

ELASTOMERS AND LININGS		°C	15	26	38	49	60	71	82	93	104	116	127	138	149	160	171	182	193	204	216	227	238
		°F	60	80	100	120	140	160	180	200	220	240	260	280	300	320	340	360	380	400	420	440	460
ETHYLENE-PROPYLENE (EPM)																								
ETHYLENE-PROPYLENE-DIENE (EPDM)	U																							
FKM (Viton A)	R																							
NATURAL RUBBER (GRS)	U																							
NEOPRENEGR-M (CR)	U																							

24) 메탄(Methane)

METALS

METALS	°C	15	26	38	49	60	71	82	93	104	116	127	138	149	160	171	182	193	204	216	227	238	249	260	271	282	293
	°F	60	80	100	120	140	160	180	200	220	240	260	280	300	320	340	360	380	400	420	440	460	480	500	520	540	560
ALUMINUM	E																										
BRASS	E																										
CARBON STEEL	G																										
COPPER	G																										
INCONEL	E																										
MONEL	E																										
NICKEL	E																										
STAINLESS STEELS Type 304/347	E																										
Type 316	E																										

PLASTICS

PLASTICS	°C	15	26	38	49	60	71	82	93	104	116	127	138	149	160	171	182	193	204	216	227	238	249	260	271	282	293
	°F	60	80	100	120	140	160	180	200	220	240	260	280	300	320	340	360	380	400	420	440	460	480	500	520	540	560
CPVC	R																										
EPOXY																											
PVDF (Kynar)	R																										
TFE (Teflon)	R																										

ELASTOMERS AND LININGS

ELASTOMERS AND LININGS	°C	15	26	38	49	60	71	82	93	104	116	127	138	149	160	171	182	193	204	216	227	238
	°F	60	80	100	120	140	160	180	200	220	240	260	280	300	320	340	360	380	400	420	440	460
ETHYLENE-PROPYLENE (EPM)																						
ETHYLENE-PROPYLENE-DIENE (EPDM)	R																					
FKM (Viton A)	R																					
NATURAL RUBBER (GRS)	U																					
NEOPRENEGR-M (CR)	R																					

25) 이산화질소(Nitrogen Dioxide)

METALS	°C	15	26	38	49	60	71	82	93	104	116	127	138	149	160	171	182	193	204	216	227	238	249	260	271	282	293
	°F	60	80	100	120	140	160	180	200	220	240	260	280	300	320	340	360	380	400	420	440	460	480	500	520	540	560
ALUMINUM																											
BRASS																											
CARBON STEEL																											
COPPER																											
INCONEL																											
MONEL																											
NICKEL																											
STAINLESS STEELS																											
Type 304/347																											
Type 316																											

PLASTICS	°C	15	26	38	49	60	71	82	93	104	116	127	138	149	160	171	182	193	204	216	227	238	249	260	271	282	293
	°F	60	80	100	120	140	160	180	200	220	240	260	280	300	320	340	360	380	400	420	440	460	480	500	520	540	560
CPVC																											
EPOXY																											
PVDF (Kynar)	R																										
TFE (Teflon)	R																										

ELASTOMERS AND LININGS	°C	15	26	38	49	60	71	82	93	104	116	127	138	149	160	171	182	193	204	216	227	238
	°F	60	80	100	120	140	160	180	200	220	240	260	280	300	320	340	360	380	400	420	440	460
ETHYLENE-PROPYLENE (EPM)																						
ETHYLENE-PROPYLENE-DIENE (EPDM)																						
FKM (Viton A)	U																					
NATURAL RUBBER (GRS)																						
NEOPRENEGR-M (CR)																						

26) 질소 산화물(Nitrogen Oxide)

METALS	°C	15	26	38	49	60	71	82	93	104	116	127	138	149	160	171	182	193	204	216	227	238	249	260	271	282	293
	°F	60	80	100	120	140	160	180	200	220	240	260	280	300	320	340	360	380	400	420	440	460	480	500	520	540	560
ALUMINUM	G																										
BRASS	G																										
CARBON STEEL	G																										
COPPER	G																										
INCONEL	U																										
MONEL	U																										
NICKEL	U																										
STAINLESS STEELS																											
Type 304/347	G																										
Type 316	G																										

PLASTICS	°C	15	26	38	49	60	71	82	93	104	116	127	138	149	160	171	182	193	204	216	227	238	249	260	271	282	293
	°F	60	80	100	120	140	160	180	200	220	240	260	280	300	320	340	360	380	400	420	440	460	480	500	520	540	560
CPVC	R						U																				
EPOXY																											
PVDF (Kynar)	U																										
TFE (Teflon)	R																										

ELASTOMERS AND LININGS	°C	15	26	38	49	60	71	82	93	104	116	127	138	149	160	171	182	193	204	216	227	238
	°F	60	80	100	120	140	160	180	200	220	240	260	280	300	320	340	360	380	400	420	440	460
ETHYLENE-PROPYLENE (EPM)																						
ETHYLENE-PROPYLENE-DIENE (EPDM)																						
FKM (Viton A)	R																					
NATURAL RUBBER (GRS)																						
NEOPRENEGR-M (CR)	U																					

27) 질소(Nitrogen)

NITROGEN

METALS	°C	15	26	38	49	60	71	82	93	104	116	127	138	149	160	171	182	193	204	216	227	238	249	260	271	282	293
	°F	60	80	100	120	140	160	180	200	220	240	260	280	300	320	340	360	380	400	420	440	460	480	500	520	540	560
ALUMINUM	E																										
BRASS	E																										
CARBON STEEL	E																										
COPPER	E																										
INCONEL																											
MONEL																											
NICKEL																											
STAINLESS STEELS																											
Type 304/347	E																										
Type 316	E																										

PLASTICS	°C	15	26	38	49	60	71	82	93	104	116	127	138	149	160	171	182	193	204	216	227	238	249	260	271	282	293
	°F	60	80	100	120	140	160	180	200	220	240	260	280	300	320	340	360	380	400	420	440	460	480	500	520	540	560
CPVC																											
EPOXY																											
PVDF (Kynar)	R																										
TFE (Teflon)	R																										

ELASTOMERS AND LININGS	°C	15	26	38	49	60	71	82	93	104	116	127	138	149	160	171	182	193	204	216	227	238
	°F	60	80	100	120	140	160	180	200	220	240	260	280	300	320	340	360	380	400	420	440	460
ETHYLENE-PROPYLENE (EPM)																						
ETHYLENE-PROPYLENE-DIENE (EPDM)	R																					
FKM (Viton A)	R																					
NATURAL RUBBER (GRS)	R																					
NEOPRENEGR-M (CR)	R																					

28) 산소(Oxygen)

METALS

METALS	°C	15	26	38	49	60	71	82	93	104	116	127	138	149	160	171	182	193	204	216	227	238	249	260	271	282	293
	°F	60	80	100	120	140	160	180	200	220	240	260	280	300	320	340	360	380	400	420	440	460	480	500	520	540	560
ALUMINUM	G																										
BRASS	G																										
CARBON STEEL	G																										
COPPER	G																										
INCONEL	E																										
MONEL	G																										
NICKEL																											
STAINLESS STEELS																											
Type 304/347	G																										
Type 316	G																										

PLASTICS

PLASTICS	°C	15	26	38	49	60	71	82	93	104	116	127	138	149	160	171	182	193	204	216	227	238	249	260	271	282	293
	°F	60	80	100	120	140	160	180	200	220	240	260	280	300	320	340	360	380	400	420	440	460	480	500	520	540	560
CPVC	R																										
EPOXY																											
PVDF (Kynar)	R																										
TFE (Teflon)	R																										

ELASTOMERS AND LININGS

ELASTOMERS AND LININGS	°C	15	26	38	49	60	71	82	93	104	116	127	138	149	160	171	182	193	204	216	227	238
	°F	60	80	100	120	140	160	180	200	220	240	260	280	300	320	340	360	380	400	420	440	460
ETHYLENE-PROPYLENE (EPM)																						
ETHYLENE-PROPYLENE-DIENE (EPDM)	R																					
FKM (Viton A)	R																					
NATURAL RUBBER (GRS)	U																					
NEOPRENEGR-M (CR)	R																					

29) 오존(Ozone)

METALS

°C	15	26	38	49	60	71	82	93	104	116	127	138	149	160	171	182	193	204	216	227	238	249	260	271	282	293
°F	60	80	100	120	140	160	180	200	220	240	260	280	300	320	340	360	380	400	420	440	460	480	500	520	540	560
ALUMINUM	G																									
BRASS																										
CARBON STEEL	S																									
COPPER																										
INCONEL																										
MONEL	G																									
NICKEL																										
STAINLESS STEELS																										
Type 304/347	G																									
Type 316	G																									

PLASTICS

°C	15	26	38	49	60	71	82	93	104	116	127	138	149	160	171	182	193	204	216	227	238	249	260	271	282	293
°F	60	80	100	120	140	160	180	200	220	240	260	280	300	320	340	360	380	400	420	440	460	480	500	520	540	560
CPVC	R																									
EPOXY																										
PVDF (Kynar)	R																									
TFE (Teflon)	R																									

ELASTOMERS AND LININGS

°C	15	26	38	49	60	71	82	93	104	116	127	138	149	160	171	182	193	204	216	227	238
°F	60	80	100	120	140	160	180	200	220	240	260	280	300	320	340	360	380	400	420	440	460
ETHYLENE-PROPYLENE (EPM)																					
ETHYLENE-PROPYLENE-DIENE (EPDM)	R																				
FKM (Viton A)	R																				
NATURAL RUBBER (GRS)	U																				
NEOPRENEGR-M (CR)	R																				

30) 프로판(Propane)

PROPANE

METALS

		15	26	38	49	60	71	82	93	104	116	127	138	149	160	171	182	193	204	216	227	238	249	260	271	282	293
	°C °F	60	80	100	120	140	160	180	200	220	240	260	280	300	320	340	360	380	400	420	440	460	480	500	520	540	560
ALUMINUM	E																										
BRASS	E																										
CARBON STEEL	G																										
COPPER	G																										
INCONEL	G																										
MONEL	E																										
NICKEL	G																										
STAINLESS STEELS																											
Type 304/347	G																										
Type 316	G																										

PLASTICS

		15	26	38	49	60	71	82	93	104	116	127	138	149	160	171	182	193	204	216	227	238	249	260	271	282	293
	°C °F	60	80	100	120	140	160	180	200	220	240	260	280	300	320	340	360	380	400	420	440	460	480	500	520	540	560
CPVC	R																										
EPOXY	R																										
PVDF (Kynar)	R																										
TFE (Teflon)	R																										

ELASTOMERS AND LININGS

		15	26	38	49	60	71	82	93	104	116	127	138	149	160	171	182	193	204	216	227	238
	°C °F	60	80	100	120	140	160	180	200	220	240	260	280	300	320	340	360	380	400	420	440	460
ETHYLENE-PROPYLENE (EPM)																						
ETHYLENE-PROPYLENE-DIENE (EPDM)	U																					
FKM (Viton A)	R																					
NATURAL RUBBER (GRS)	U																					
NEOPRENEGR-M (CR)	R																					

31) 프로필렌글리콜(Propylene Glycol)

PROPYLENE GLYCOL

METALS	°C	15	26	38	49	60	71	82	93	104	116	127	138	149	160	171	182	193	204	216	227	238	249	260	271	282	293
	°F	60	80	100	120	140	160	180	200	220	240	260	280	300	320	340	360	380	400	420	440	460	480	500	520	540	560
ALUMINUM	G																										
BRASS	G																										
CARBON STEEL	G																										
COPPER	G																										
INCONEL	G																										
MONEL	G																										
NICKEL	G																										
STAINLESS STEELS																											
Type 304/347	G																										
Type 316	G																										

PLASTICS	°C	15	26	38	49	60	71	82	93	104	116	127	138	149	160	171	182	193	204	216	227	238	249	260	271	282	293
	°F	60	80	100	120	140	160	180	200	220	240	260	280	300	320	340	360	380	400	420	440	460	480	500	520	540	560
CPVC	U																										
EPOXY	R									U																	
PVDF (Kynar)	R																										
TFE (Teflon)	R																										

ELASTOMERS AND LININGS	°C	15	26	38	49	60	71	82	93	104	116	127	138	149	160	171	182	193	204	216	227	238
	°F	60	80	100	120	140	160	180	200	220	240	260	280	300	320	340	360	380	400	420	440	460
ETHYLENE-PROPYLENE (EPM)																						
ETHYLENE-PROPYLENE-DIENE (EPDM)																						
FKM (Viton A)	R																					
NATURAL RUBBER (GRS)																						
NEOPRENEGR-M (CR)	R																					

32) 수분을 함유하고 있지 않은 이산화황(Sulfur Dioxide Dry)

SULFUR DIOXIDE DRY

METALS	°C	15	26	38	49	60	71	82	93	104	116	127	138	149	160	171	182	193	204	216	227	238	249	260	271	282	293
	°F	60	80	100	120	140	160	180	200	220	240	260	280	300	320	340	360	380	400	420	440	460	480	500	520	540	560
ALUMINUM	G																										
BRASS	G																										
CARBON STEEL	E					G																					
COPPER	G																										
INCONEL	G																										
MONEL	G																										
NICKEL	G																										
STAINLESS STEELS																											
Type 304/347	G																										
Type 316	G																										

PLASTICS	°C	15	26	38	49	60	71	82	93	104	116	127	138	149	160	171	182	193	204	216	227	238	249	260	271	282	293
	°F	60	80	100	120	140	160	180	200	220	240	260	280	300	320	340	360	380	400	420	440	460	480	500	520	540	560
CPVC	R																										
EPOXY	R																										
PVDF (Kynar)	R																										
TFE (Teflon)	R																										

ELASTOMERS AND LININGS	°C	15	26	38	49	60	71	82	93	104	116	127	138	149	160	171	182	193	204	216	227	238
	°F	60	80	100	120	140	160	180	200	220	240	260	280	300	320	340	360	380	400	420	440	460
ETHYLENE-PROPYLENE (EPM)																						
ETHYLENE-PROPYLENE-DIENE (EPDM)	R																					
FKM (Viton A)	U																					
NATURAL RUBBER (GRS)	U																					
NEOPRENEGR-M (CR)	U																					

33) 수분을 함유하고 있는 이산화황(Sulfur Dioxide Wet)

SULFUR DIOXIDE DRY

METALS	°C	15	26	38	49	60	71	82	93	104	116	127	138	149	160	171	182	193	204	216	227	238	249	260	271	282	293
	°F	60	80	100	120	140	160	180	200	220	240	260	280	300	320	340	360	380	400	420	440	460	480	500	520	540	560
ALUMINUM	U																										
BRASS	U																										
CARBON STEEL	U																										
COPPER	U																										
INCONEL	U																										
MONEL	U																										
NICKEL	U																										
STAINLESS STEELS																											
Type 304/347	U																										
Type 316	G																										

PLASTICS	°C	15	26	38	49	60	71	82	93	104	116	127	138	149	160	171	182	193	204	216	227	238	249	260	271	282	293
	°F	60	80	100	120	140	160	180	200	220	240	260	280	300	320	340	360	380	400	420	440	460	480	500	520	540	560
CPVC	R			U																							
EPOXY	R																										
PVDF (Kynar)	R																										
TFE (Teflon)	R																										

ELASTOMERS AND LININGS	°C	15	26	38	49	60	71	82	93	104	116	127	138	149	160	171	182	193	204	216	227	238
	°F	60	80	100	120	140	160	180	200	220	240	260	280	300	320	340	360	380	400	420	440	460
ETHYLENE-PROPYLENE (EPM)																						
ETHYLENE-PROPYLENE-DIENE (EPDM)	R																					
FKM (Viton A)	U																					
NATURAL RUBBER (GRS)	U																					
NEOPRENEGR-M (CR)	U																					

34) 트리메틸프로판(Trimethyl Propane)

METALS	°C	15	26	38	49	60	71	82	93	104	116	127	138	149	160	171	182	193	204	216	227	238	249	260	271	282	293
	°F	60	80	100	120	140	160	180	200	220	240	260	280	300	320	340	360	380	400	420	440	460	480	500	520	540	560
ALUMINUM																											
BRASS																											
CARBON STEEL																											
COPPER																											
INCONEL																											
MONEL																											
NICKEL																											
STAINLESS STEELS																											
Type 304/347																											
Type 316																											

PLASTICS	°C	15	26	38	49	60	71	82	93	104	116	127	138	149	160	171	182	193	204	216	227	238	249	260	271	282	293
	°F	60	80	100	120	140	160	180	200	220	240	260	280	300	320	340	360	380	400	420	440	460	480	500	520	540	560
CPVC	R																										
EPOXY																											
PVDF (Kynar)	R																										
TFE (Teflon)	R																										

ELASTOMERS AND LININGS	°C	15	26	38	49	60	71	82	93	104	116	127	138	149	160	171	182	193	204	216	227	238
	°F	60	80	100	120	140	160	180	200	220	240	260	280	300	320	340	360	380	400	420	440	460
ETHYLENE-PROPYLENE (EPM)																						
ETHYLENE-PROPYLENE-DIENE (EPDM)																						
FKM (Viton A)																						
NATURAL RUBBER (GRS)																						
NEOPRENEGR-M (CR)	R																					

Chapter 5. 독성 가스 제독 설비

석유화학, 반도체 및 첨단산업 분야 등에 널리 사용되고 있는 독성 가스의 위험으로부터 작업자를 보호하고 환경재해를 방지하기 위한 제독 설비 기준에 대해서 설명하고자 한다.

5.1 제독 설비 일반 사항

■ 독성 가스는 제독 설비에 의해 처리하여 허용 농도 이하로 대기 방출해야 한다.

■ 제조 및 사용 시설의 경우 제독을 대상으로 하는 각 설비에(유사 설비로 복수 처리가 가능한 경우를 제외한다.) 가능한 가깝게 설치하며 독성 가스를 직접 처리해야 한다.

■ 저장시설 및 판매시설은 용기 보관실과 가능한 한 가깝게 설치하고, 독성 가스를 직접 처리해야 한다.

■ 제독 방법은 산화 · 환원 · 중화 · 가수분해 · 흡수 · 흡착 또는 이들의 조합, 그 밖의 동등 이상의 방법에 의해 처리하는 것으로 한다.

5.2 제독 방법의 선정

제독해야 하는 가스의 종류 · 농도 · 유량 · 압력 등 모든 조건을 고려하여 다음에 열거하는 제독 방법 중에서 적절한 방법을 선정해야 한다.

a) 연소 처리에 의한 방법 Combustion Type
b) 습식 처리에 의한 방법 Wet Type
c) 건식 처리에 의한 방법 Dry Type
d) Thermal Wet Type
e) Burn Wet Type
f) 상기 종류를 조합하여 사용한다. 보통은 1차 제거로서 a), c), d) 또는 e)
　형태를 사용하고, 2차 제거로서 b)를 사용하는 경우가 많다.

각각의 제독 처리방법에는 각각의 장단점이 있으므로 적절한 방법을 조합시켜 제거 효율을 증가시키고 투자비를 낮출 수 있는 최선의 조합을 찾아야 한다.

표 5-1 제독 설비의 장단점

처리 방법	대상 가스	장점	단점	Utility
연소	탄화수소(Hydrocarbon)를 포함한 대부분의 가연성 가스	• 가연성 배출가스에만 적용 • 고농도 배출가스에 적합(% 농도 단위 이상) • 유량이 많은 경우에 적합	• 불연성 가스에는 부적합 • 저농도에서는 연소 처리 유지가 불가능. 다른 방법과의 조합이 필요 • 유량이 적은 경우에는 부적합 • 이 방법에는 집진 기능이 없으므로 별도로 집진을 위한 설비가 필요	공기 질소 연료 전기 물
습식	NH3, Hcl, cl2, HBr, Sicl4등 수용성 가스	• 제독액의 선택에 의해 다종의 배출 가스에 적용 가능 • 저농도에 적합 • 대용량을 처리 가능 • 집진 기능을 가짐	• 제독액의 폐수 처리가 필요 • 고농도용에는 부적합 • 제독액과의 반응에 의해 생성되는 고형물에 의해 막힘, 폐색(閉塞)이 일어나기 쉬움. • 용해된 독성 가스가 재방출되는 경우가 있음 • 공기를 흡입하는 형식의 스크러버에서는 발화 위험성이 있음	물 중화제 전기 질소
건식	PFC(과불화탄소)를 제외한 대부분의 가스	• 저농도부터 고농도에 적용 • 색의 변화에 의해 흡착제의 수명(파과) 판단이 가능한 것이 있음	• 착화에 필요한 수분 공급이 필요한 경우가 있음 • 압력손실이 비교적 큼	전기 공기 질소
Thermal Wet	PFC를 제외한 대부분의 가연성 가스	• 처리 효율이 높다혼합 가스 처리 가능	• 불연성 가스 사용 불가 • Duct 내 수분 유입 우려할로겐 가스 처리 불가	공기 질소 물 전기
Burn Wet	거의 모든 가연성 가스	• 처리 효율이 가장 높다 • 혼합 가스 처리 가능대용량의 처리가 가능	• 불연성 가스 사용 불가 • 폐수 발생	공기 질소 연료 물 전기

(1) 연소 처리(Combustion)

가연성 가스의 연소화재와 함께 연소 처리하는 방식과 독성 가스의 가연성을 이용하여 연소 처리하는 방식이다. 대표적인 예가 플레어 스택(Flare Stack)으로서 정유 플랜트 또는 석유화학 플랜트에 주로 사용된다.

플레어 스택은 공장에서 방출하는 폐가스 중의 유해 성분을 연소시켜 무해화하기 위한 소각탑을 말한다. 때때로 녹아웃 드럼(knock out drum) 다음에 사용되는 플레어의 설치 목적은 가연성, 혹은 독성 가스를 연소시켜 독성이나 가연성이 없는 물질로 치환시키는 데 있다.

플레어의 지름은 안정된 불꽃을 유지하고 blowdown(증기 속도가 음속의 20%보다 빠를 때 일어남)을 방지하기 위해 적당한 크기로 사용되어야 한다. 플레어의 높이는 화염에서 발생되는 복사열량이 장치와 인간에 미칠 잠재적 손상을 고려하여 결정된다.

그림 5-1 플레어 스택

그 외에 소각로(Incinerator)도 이용한다. 소각로란 먼지, 공장의 고체 폐기물, 배기가스 또는 배수처리 시설의 슬러지 · 오니(汚泥) 케이크 등을 소각 처리하기 위한 장치의 총칭으로서, 폐기물의 소각 방식별로 분류하면 다음과 같다.

① 화격자 연소 방식(火格子燃燒方式)
② 고정상 연소 방식(固定床燃燒方式)
③ 다단로 연소 방식(多段爐燃燒方式)
④ 회전 소각로 방식(回轉燒却爐方式)
⑤ 유동상 연소 방식(流動床燃燒方式)
⑥ 분무 연소방식 등이 있다.

이 중 ①과 ②에는 폐기물을 연속하여 소각할 수 있는 연속식 연소 방식과 연속하여 소각할 수 없는 회분식 연소 방식(回分式燃燒方式)이 있는데, 소형의 소각로는 대부분 회분식이다. 이는 소각로에 소각물을 일정량 집어넣고 충분히 소각한 후 재를 회수하는 비연속적 방식이다. 한편 ③~⑥의 방식은 모두 연속식이다.

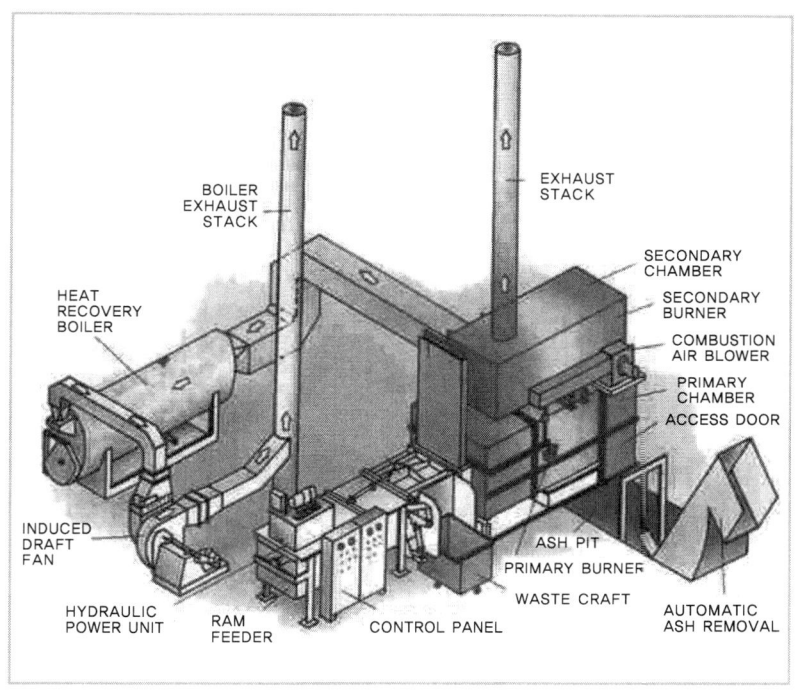

그림 5-2 소각로

(2) 습식처리 Wet Scrubber

차아염소산과 과망간산염 수용액, 가성소다 수용액, 또는 물 등의 탱크에 가스를 보내는 방식과 기액향류 접촉(스크러버)에 의한 방식이 있다. 무엇보다도 기 · 액 접촉에 의한 물리 · 화학적 반응이다.

사용하는 약제는 가스에 따라 다르지만 차아염산염, 과망간산칼륨, 가성소다 등 많은 종류가 있다. 반응 생성물이 수용액으로 배출되므로 세정액의 폐수 처리가 필요하다.

습식의 일반 원리는 액적 · 액막 · 기포 등에 의해 함진 가스를 세정하여 입자에 부착, 입자 상호간의 응집을 촉진시켜 직접 가스의 흐름으로부터 입자를 분리하는 방법이다. 일반적인 제거 원리는 다음과 같다.

① 액적에 입자가 충돌하여 부착.
② 미립자 확산에 의한 입자간 응집.
③ 배기가스의 증습에 의한 입자간 응집.
④ 입자를 핵으로 증기의 응결 및 응집성 촉진.
⑤ 액막, 기포에 입자가 접촉하여 부착.

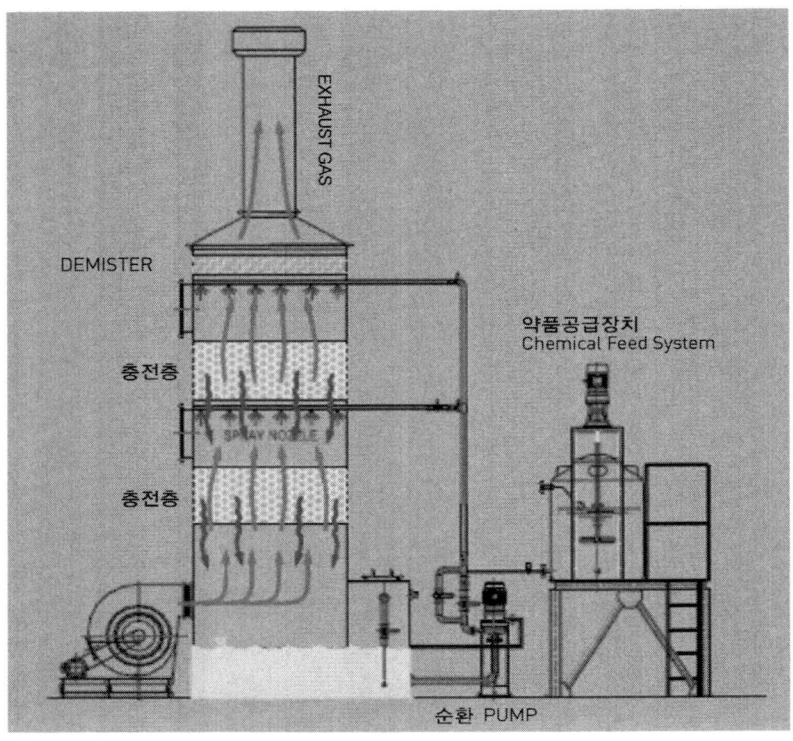

그림 5-3 Wet Scrubber 작동 원리

그림 5-4 Wet Scrubber 설치 모습

표 5-2 Wet Scrubber 종류별 특성

종류	특성	장점	단점
충전탑	• 가스 속도: 0.3~1m/sec • 액가스비: 1~10 ℓ /㎥ • 압손: 50㎛Aq/M • 탑 높이: 2~5m	• 가스량 변동에 적응력이 큼 • 포집 효율 큼 • 압손이 적음	• 유속이 높을 때 flooding 현상 • 고형분이 큰 경우 고착 및 현류로 막힘 현상 발생
스프레이 탑	• 가스 속도: 0.2~1m/sec • 액가스비: 0.1~1 ℓ /㎥ • 압손: 2~20mmAq	• 구조 간단 • 비용 저렴 • 압손이 적음	• 스프레이 동력 발생 • 구멍이 각힘 현상 발생 • 스프레이 양이 적을 경우 균일 접촉이 안 돼 현류를 길으키고 효율이 떨어짐
Cyclone	• 가스 속도: 1~2m/sec • 액가스비: 0.5~1.5 ℓ /㎥ • 압손: 50~300mmAq • 입구 가스 속도: 15~35m/sec	• 대용량 처리 가능 • 구조 간단 • 미스트 배출이 적음	• cyclone 의 입구 크기를 크게 하면 효율이 떨어짐 • 높은 수압이 필요 • 노출 막힘

종류	특성	장점	단점
Venturi scrubber	• 가스 속도: 30~100m/sec • 액가스비: 0.3~1.5ℓ /㎥ • 압손: 200~800mAq	• 소형으로 대용량 처리 가능 • 집진 효율 좋음	• 압손이 큼 • 동력비가 큼 • 운전비 큼 • mist 배출
Jet scrubber	• 가스 속도: 20~50m/sec • 액가스비: 10~100ℓ /㎥ • 압손: 0~200mmAq • 유입 가스 속도: 10~20m/sec	• 가스 저항이 적음 • 송풍기 불필요 • 흡인 효율 좋음	• 대량 가스 처리 곤란 • 동력비가 큼
다공판탑	• 가스 속도: 0.3~1m/sec • 단 간격: 30~40cm • 액가스비: 0.3~5ℓ /㎥ • 압손: 100~200mmAq	• 소량의 액량으로 운전 가능 • 단수를 높이면 고농도 가스 처리 가능	• 복잡, 대형, 고가 • 가스량 변동이 심할 때 조업 불가
기포탑	• 가스 속도: 0.01~0.3m/sec 100m/h (터빈 날개 부착) 20m/h(조개 형 날개 부착) • 압손: 200~500mmAq	• 흡수 효율이 높음 • 고체입자 현탁액을 흡수액으로 이용할 때 매우 좋음	• 압손 크다. • 가스 속도 일정 값 이상이면 효율 저하

표 5-3 대표적인 오염물질 발생 업종 및 흡수액

구분	오염 물질	흡수액	화학식	대표 업종
염기성	암모니아 (NH3)	H2SO4 Hcl NaOCl	$2NH_3+H_2SO_4 \Rightarrow (NH_4)_2SO_4$ $NH_3+HCl \Rightarrow NH_4Cl$ $2NH_3+3NaOCl \Rightarrow N_2+3NaCl+3HO$	석유화학, 반도체, 복합비료, 축산업, 하수 처리장 등
	트리메틸아민 ((CH3)3N)	H2SO4 Hcl NaOCl	$(CH_3)_3N+H_2SO_4 \Rightarrow (CH_3)_3N \cdot H_2SO_4$ $(CH_3)_3N+HCl \Rightarrow (CH_3)_3 \cdot HCl$ $(CH_3)_3N+NaOCl \Rightarrow (CH_3)_3 \cdot NaOCl$	석유화학, 복합비료, 축산업, 하수 처리장 등
산성	황화수소 (H2S)	NaOH NaOCl	$H_2S+NaOH \Rightarrow Na_2S+H_2O$ $Na_2S+H_2S \Rightarrow 2NaSH$ $H_2S+2NaOH \Rightarrow Na_2S+2H_2O$ $Na_2S+4NaOCl \Rightarrow Na_2SO_4+4NaCl$ $Na_2S+NaOC+H_2O \Rightarrow S+NaCl+2NaOH$	석유화학, 반도체, 펄프, 복합비료, 축산업, 가죽 처리, 하수 처리장 등
	메틸메르캅탄 (CH3SH)	NaOH NaOCl	$CH_3SH+NaOH \Rightarrow CH_3SNa+H_2O$ $2CH_3SH+6NaOCl \Rightarrow$ $2CH_3SO_3+6NaCl+H_2$	석유화학, 펄프, 하수 처리장 등
중성	황화 메틸 ((CH3)2S)	NaOCl	$(CH_3)_2S+2NaOCl \Rightarrow$ $(CH_3)_2SO_3+NaCl$	석유화학, 펄프, 하수 처리장 등
	이황화 디메틸 ((CH3)2S2)	NaOCl	$(CH_3)_2S_2+NaOCl \Rightarrow$ $(CH_3)_2SO_2+2NaCl$	석유화학, 펄프, 하수 처리장 등
	아세트알데히드 (CH3CHO)	NaOCl	$CH_3CHO+NaOCl+NaOH \Rightarrow$ $CH_3COONa+NaCl+H_2O$	석유화학, 담배, 복합비료, 하수 처리장 등
	스티렌 (C6H5)	HClO	$C_6H_5CHCH_2+HClO \Rightarrow$ $C_6H_5CHOHCH_2Cl$	석유화학, 폴리스티렌, SBR, FRP 제조공장 등

(3) 건식처리 Dry Scrubber

규조토, 실리카겔, 활성탄에 산화촉매, 산화약제 등을 부착시킨 고체 처리제를 충전탑에 충전하고 여기에 가스를 흐르게 하여 가스를 처리한다.

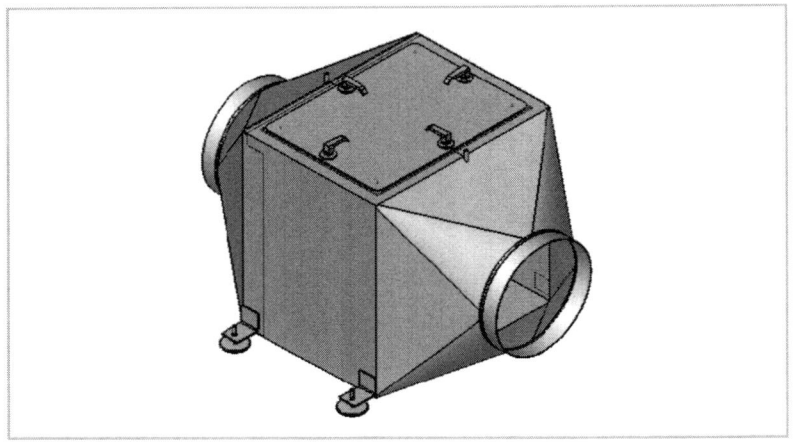

그림 5-5 Dry Scrubber

건식처리는 많이 사용될 것으로 예상되므로 대표적인 모노실란, 알진, 포스핀, 디보레인에 관하여 가스별로 처리 원리의 예를 열거한다.

■ 모노실란

1) 공기 도입식 접촉 산화

반응식	$SiH_4 + O_2 \rightarrow SiO_2 + 2H_2$ $2H_2 + O_2 \rightarrow 2H_2O$
	$(SiH_4 + 2O_2 \rightarrow SiO_2 + 2H_2O)$

이 반응은 효율이 매우 높은 농도로 하지 않으면 모두 SiO_2로 되지 않고 공기+SiH_4가 남을 가능성이 있고, 공기의 도입량 관리가 필요하다. 또한 산화반응 후 발생되는 재(SiO_2)가 대기 중으로 확산되는 것을 방지할 수 있는 설비가 필요하다.

2) 과망간산칼륨 형 산화 흡착제

반응식

$$2SiH_4 + 6KMnO_4 + 10KOH \rightarrow 6K_2MnO_4 + 2K_2SiO_3 + 4H_2O + 5H_2$$
$$6SiH_4 + 6KMnO_4 + 3H_2O \rightarrow 3Mn_2O_3 + 6K_2SiO_3 + 15H_2$$

SiH_4를 산화시킨 후에 H_2가 발생하기 때문에 H_2의 대책이 필요하다.

■ 알진, 포스핀

염화제이철 형 산화 흡착제

반응식

$$AsH_3 + 6FeCl_3 + 3H_2O \rightarrow 6FeCl_2 + 6HCl + H_3AsO_3$$
$$PH_3 + 8FeCl_3 + 4H_2O \rightarrow 8FeCl_2 + 8FeCl_2 + 8HCl + H_3PO_4$$

이차적으로 염산가스를 6~8몰 발생시키기 때문에 염산가스에 대한 대책이 필요하다. 또한 산화 시 발생되는 발열량을 고려하여 흡착제 또는 관련 설비를 열화로부터 보호할 수 있는 대책이 필요하다. 처리 효율은 가스 농도에 관계없이 허용 농도를 만족한다.

■ 금속산화제 형 흡착제

반응식

$AsH_3 + MeO \rightarrow As_2O_3 + H_2O(H_2) + Me$

$PH_3 + MeO \rightarrow P_2O_5 + H_2O(H_2) + Me$

H_2O와 H_2가 발생한다. 약제에 물이 흡수되지 않으므로 열화는 적다. 산소가 일정 농도 이상 흐르면 환원 · 재생된다.

■ 디보레인

과망간산알칼리 산화제 형 흡착제

반응식

$B_2H_6 + 6KMnO_4 + 12KOH \rightarrow 6K_2MnO_4 + 2K_3BO_3 + 6H_2O + 3H_2$

$2B_2H_6 + 6K_2MnO_4 + H_2O \rightarrow 3Mn_2O_3 + 4K_3BO_3 + 4H_2O + 5/2H_2$

■ 흡착(Adsorption)과 화흡(Chemisorption)의 비교

흡착(Adsorption)이란 기체 또는 증기 상태의 대기 오염물 분자를 다공질의 고체 상태의 흡착제(Adsorbents) 표면에 붙잡아 두는 것으로서 오염 물질을 제거하는 공정을 말한다. 이러한 흡착은 오염 물질의 비등점(Boiling Point)보다 높은 주변 온도에서 오염 물질이 액적(Liquid Droplet)으로 응축되어 흡착제에 포집된다. 이런 응축 작용은 흡착제의 표면에서의 촉매 효과인 '활성장(Active Sites)' 에 기인한다.

흡착은 대부분 흡착제의 내부 다공면적에서 일어난다. 따라서 흡착제의 내부 유효 다공면적은 외부 표면적의 수 배가 되어야 한다. 흡착은 화학반

응이 없으므로 가역적이다. 응축된 오염 물질을 가열하여 기화시키면 고농도가 방출되고, 이것을 다시 냉각시키면 회수가 가능하다. 또한 이때 흡착제는 재생된다. 흡착제로는 활성탄(Activated Carbon)이 주로 사용된다.

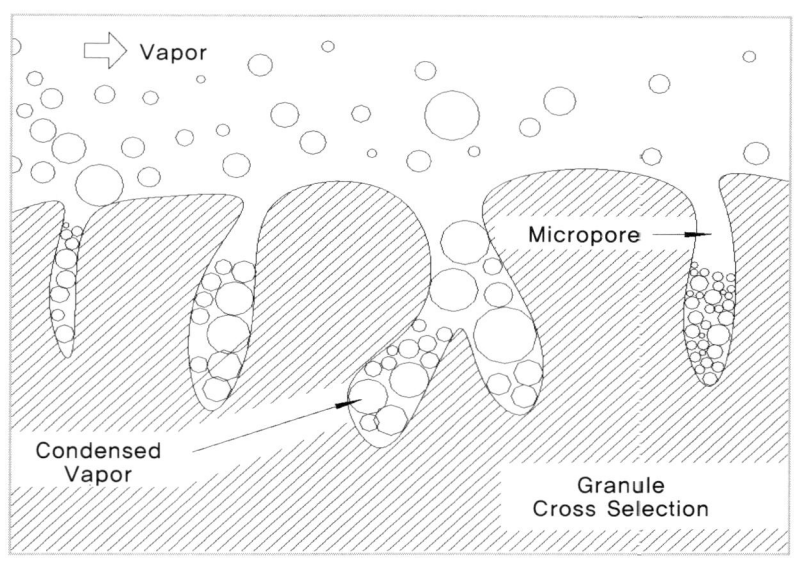

그림 5-6 화흡의 원리

화흡(Chemisorption)이란 화학적 흡착(Chemical Adsorption)을 줄인 말로서 활성탄 대신 활성화된 산화알루미늄(Al2O3)에 중화용 화학물질을 잉태시킨 흡착제를 사용하여, 흡착(Adsorption)과 동시에 흡수(Absorption) 및 화학적 중화반응을 일으킴으로써 오염 물질을 제거하는 공정을 말한다. 오염 물질은 화학적인 반응을 통해 제3의 물질로 변환되므로 더 이상 존재하지 않는다. 따라서 화흡은 비가역이며 오염 물질 회수나 흡착제의 재생이 불가능하고 흡착제에는 더 이상 냄새가 나지 않는다. 오염 물질의 종류에 따라서 다양한 흡착제를 선택하여 사용한다. 흡착제로는 주로 KMnO4가 사용된다.

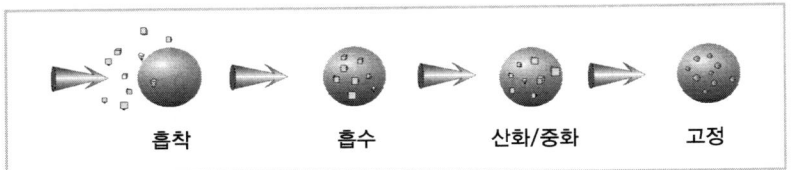

| 흡착 | 흡수 | 산화/중화 | 고정 |

그림 5-7 화흡의 원리 2

표 5-4 흡착(Adsorption)과 화흡(Chemisorption)의 장단점 비교

Description	흡착(Adsorption)	화흡(Chemisorption)
포집 원리	활성 세공으로의 흡착	활성 세공에서의 흡착 후 화학적 중화반응
냄새 제거 효과	활성탄에 냄새가 잔류하므로 완전 제거 불가능	내부에 함유된 KMnO4와 반응하여 제3의 물질로 변화됨 예) $H_2S + KMnO_4 \rightarrow K_2SO_4 + KOH + MnO_2$
Media의 수명 예측 및 냄새의 재발생 가능성	수명 예측 불가능 냄새의 재발 가능성 있음	정기적으로 KMnO4 잔량을 측정함으로써 수명을 결정함. 냄새의 재발생 가능성은 없음
제거 가능 물질	VOC 물질에 제한됨. 무기화학 물질은 불가능함	H_2S, Cl_2, HF, NO_x, O_3, SO_x, HC, VOC 등의 화학물질 제거가 가능함
Media의 구성 물질	활성탄소(Activated Carbon) 100%	Chemisorbant 50%, Purakol 50% 사용 조건에 따라 비율을 조정하여 사용 가능함
위험성	발화성 물질	UL Class 1, Non-Flammable.
폐기 시 처리 방법	소각 처리	소각 또는 매립

(4) Thermal Wet Type Scrubber

주로 반도체 분야에서 사용하고 있으며, 가스와 공기를 같이 주입한 후 전기 히터를 통해 발화점 이상으로 충분히 가열하여 산화시킴으로써 Hydride 계열의 가스(SiH4, PH3, AsH3등) 및 수용성 가스를 처리하고, 후단의 WET Scrubber를 거쳐 수용성 가스를 처리한다. 처리 가능 가스로는
가연성 가스: SiH4, PH3, TEOS, H2, DCS 등
수용성 가스: Cl2, HCl, HF, NH3 등이 있다.

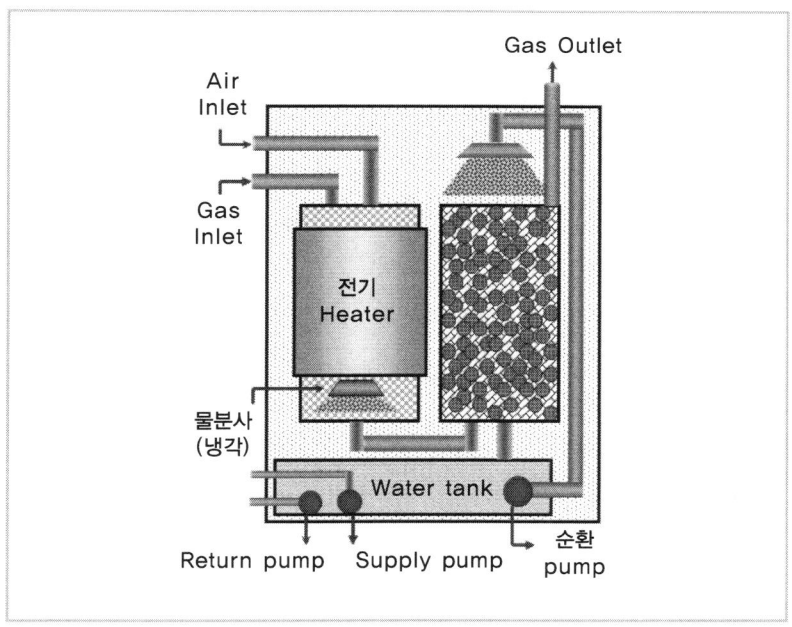

그림 5-8 Thermal Wet Scrubber

Hydride 계열 및 수용성 가스에 대한 처리는 가능하나, 충분히 높은 온도를 내지 못하는 전기 히터의 한계로 인해 PFC의 처리가 불가능하다.

(5) Burn Wet Type Scrubber

주로 반도체 분야에서 사용하고 있으며, 연료로 LNG, LPG 또는 수소 등을 사용하고 공기를 주입, 가스를 태움으로써 충분히 높은 온도(1200℃)를 유지하여 Hydride 계열의 가스 및 PFC를 처리하고, 후단의 Wet Scrubbing을 거쳐 수용성 가스를 처리한다. 처리 가능 가스로는

가연성 가스: SiH4, PH3, TEOS, H2, DCS 등

수용성 가스: Cl2, HCl, HF, NH3 등

PFC 가스: NF3, S2F6, SF6, CF4, C3F8 등이 있다.

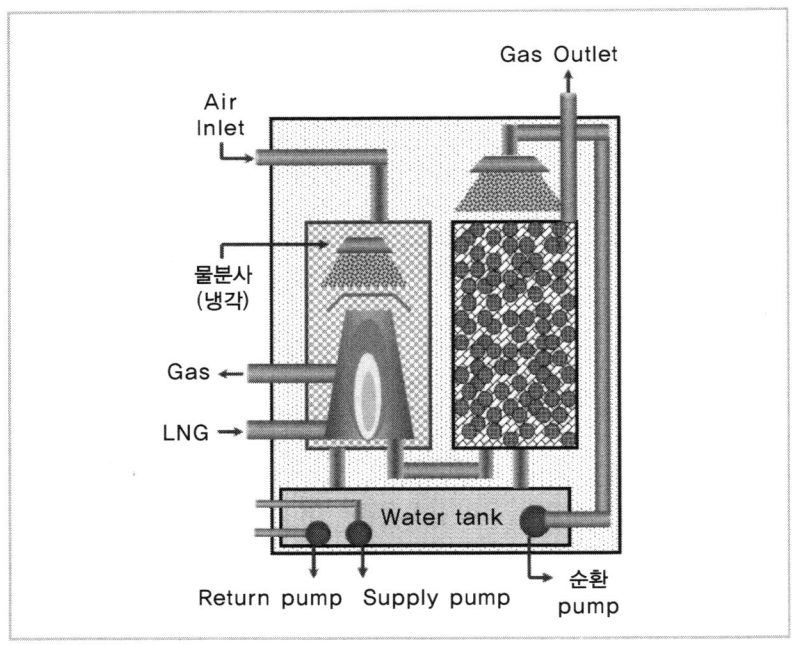

그림 5-9 Burn Wet Scrubber

(6) 조합형

보통 한 가지의 제독 설비만으로도 충분히 독성 또는 가연성 가스의 제거가 가능하나 그렇지 않은 경우도 종종 발생한다. 예를 들어 1차 Scrubber에서 처리되는 물질이 있고, 여기서 처리되지 않은 물질은 후단의 2차 Scrubber로 이송하여 제거하기도 한다.

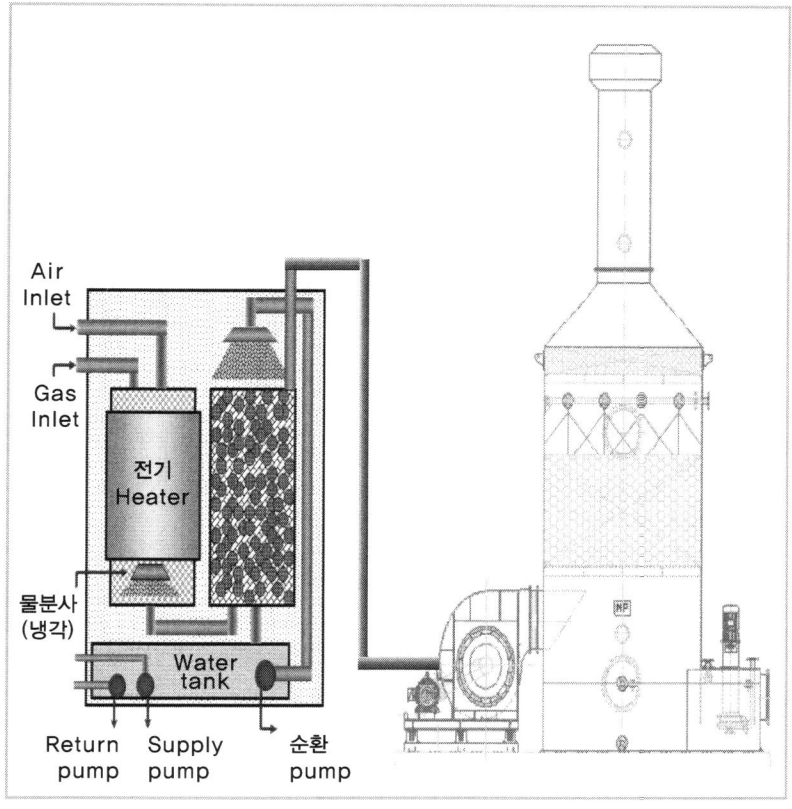

그림 5-10 조합형의 예

5.3 제독 설비의 구성

여러 종류의 독성 가스가 정상 상황 시 또는 비상 상황 시 동시에 하나의 제독 설비로 흘러갈 수 있는 구조로 구성되어 있는 경우에는 서로 다른 가스가 접촉하여 반응을 통해 더 큰 위험에 빠질 수 있다. 그러므로 여러 종류의 가스가 같은 제독 설비에서 제거되도록 구성되어 있는 경우에는 각 가스들 간의 반응성을 반드시 미리 검토해야 한다. 아래 표 5-5는 각 가스 별로 반응성을 나타내는 것으로서, 여기서 높은 반응성을 나타내는 H, 또는 중간 정도의 반응성을 나타내는 M이 있는 가스 간에 서로 만날 수 있는 경우, 그 제독 설비를 별도로 설치하여 2차로 발생할 수 있는 위험을 제거해야 한다.

5.4 제독 설비의 재질

독성 가스는 공기와 접촉해 발화하거나 습기·물에 접촉해 강산성 가스를 발생하는 등 화학적으로 불안정하다. 범용 가스도 그 자신이 강산성, 강알칼리성인 것도 많아 장치·설비를 부식시킬 가능성이 있다. 이 때문에 설비의 재질은 제독제의 성능, 제독 대상 가스와 2차적으로 발생할 가스의 성질을 충분히 고려해서 불연성 재료·내식성 재료를 경우에 따라 구분해서 사용해야 한다.

(1) 제독 설비 재질의 주의

■ 독성 가스는 공기에 접촉하여 발화하거나 습기 · 물에 접촉하여 강산
성 가스를 생성하는 등 화학적으로 불안정하다. 범용 가스(가연성 독
성 가스, 독성 가스)도 그 자체가 강산성 · 약알칼리성으로 장치, 설비
를 부식시킬 가능성이 있다.

■ 제독 설비 재질은 제독하는 독성 가스와 제독액, 제독제와의 화학반응
에 따라 2차적으로 발생하는 가스의 성질을 충분히 고려하여 불연성
재료, 내식성 재료의 사용에 주의해야 한다. 이것을 게을리하면 2차 재
해로 간주한다.

■ 재질 선정에 대해서는 4.6 재질 선정을 참조한다.

5.5 공정용 제독 설비와 비상용 제독 설비의 결정

공정용 제독 설비와 비상용 제독 설비는 그 사용 목적 및 형태에 따라 혼
용할 수도 있고 그렇지 않을 수도 있다. 가장 경제적인 방법은 공정용 제독
설비와 비상용 제독 설비를 혼용, 공정 중에 발생하는 독성 가스를 포함하
여 비상시에 발생되는 독성 가스를 하나의 제독 설비를 이용하여 제거하는
것이다.

그러나 보통 비상용 제독 설비는 여러 종류의 가스를 취급 · 저장하는 설
비를 한꺼번에 처리하는 경우가 많기 때문에 서로 다른 종류의 가스가 서로
만나서 반응하는 경우도 있으므로 아주 신중하게 검토하여 결정해야 한다.

방출된 가스는 공기와 접촉하여 또 다른 물질을 생성할 수 있으므로 2차 반응 및 다른 가스와의 반응성 등을 철저히 검증해야 한다.

아래는 공정에서 평상시에 발생되는 독성 가스를 비상용 제독 설비에 함께 사용하기 어려운 상황을 나열해 보았다.

- 하나의 제독제로 여러 가스를 제거할 수 없는 경우

- 여러 종류의 가스를 하나의 제독 설비를 이용하는 경우 각 가스별로 반응하여 또 다른 독성, 가연성, 부식성, 폭발성 물질 등을 발생시킬 수 있는 경우(표 5-5 참조)

- 사용되는 가스 중 공기와 반응성이 있는 경우. 예: 자연발화성 물질 등

- 사용되는 덕트 또는 제독 설비의 재질이 사용하고자 하는 가스 중에 부식성 등으로 인하여 적합하지 않은 경우

- 제독 설비에 사용되는 용제와 반응성이 있는 경우

- 제독 설비에서 발생되는 배압(Back Pressure)이 커서 공정 가스의 이송이 어려운 경우

- 제독 설비를 거친 후 대량의 대기 오염 물질 또는 폐수 등이 발생하는 경우

표 5-5 가스 별 반응성

Chemicals	Formula	Acetylene	Ammonia	Arsine	Boron Tribromide	Boron Trichloride	Boron Trifluoride	Carbon Dioxide	Carbon Monoxide	Chlorine	Chlorine Trifluoride	Dichlorosilane	Fluorine	Germane	Hydrogen	Hydrogen Bromide	Hydrogen Chloride	Hydrogen Fluoride	Hydrogen Selenide	Hydrogen Sulfide	Methane	Nitrogen Trifluoride	Nitrous Oxide	Oxygen	Phosphine	Silane
Acetylene	C2H2	-	L	L	L	H	H	L	L	M	H	M	H	L	L	L	L	M	L	L	L	M	M	M	L	L
Ammonia	NH3	L	-	M	H	H	H	M	L	H	H	H	H	M	L	H	H	H	M	L	M	M	M	M	M	M
Argon	Ar	-	-	-	-	-	-	-	-	-	-	-	-	-	-	-	-	-	-	-	-	-	-	-	-	-
Arsine	AsH3	L	M	-	M	H	M	L	L	H	H	M	H	L	L	M	M	H	M	L	L	M	M	M	L	L
Boron Tribromide	BBr3	L	H	M	-	L	L	L	L	L	M	L	M	M	L	L	L	L	M	L	L	L	L	L	H	M
Boron Trichloride	BCl3	H	H	H	L	-	L	L	L	L	H	L	H	H	L	L	L	H	H	H	H	L	M	M	H	H
Boron Trifluoride	BF3	H	H	M	L	L	-	L	L	L	H	M	H	M	L	L	L	L	H	M	H	L	M	L	M	H
Carbon Dioxide	CO2	-	-	M	-	-	-	-	-	M	-	M	-	-	-	-	-	-	-	-	-	-	-	-	-	-
Carbon Monoxide	CO	L	L	L	L	L	L	L	-	M	M	L	M	M	L	L	L	L	L	M	L	M	M	M	L	M
Chlorine	Cl2	M	H	H	L	L	L	L	M	-	M	M	M	H	H	L	L	L	H	H	M	L	M	L	H	H
Chlorine Trifluoride	ClF3	H	H	H	M	H	H	M	M	M	-	M	L	H	H	M	M	L	H	H	H	M	M	L	H	H
Dichlorosilane	SiH2Cl2	M	H	M	L	L	M	M	L	M	M	-	M	L	L	L	L	H	H	L	M	L	M	H	M	L
Fluorine	F2	H	H	H	M	H	H	H	M	M	L	M	-	H	H	M	M	L	H	H	H	M	M	L	H	H
Germane	GeH4	L	M	L	M	H	H	L	M	H	H	L	H	-	L	M	M	M	L	M	L	H	H	H	L	L
Helium	He	-	-	-	-	-	-	-	-	-	-	-	-	-	-	-	-	-	-	-	-	-	-	-	-	-
Hydrogen	H2	L	L	L	L	L	L	L	L	H	H	L	H	L	-	L	L	L	L	L	L	M	M	M	L	L
Hydrogen Bromide	HBr	L	H	M	L	L	L	L	L	L	M	L	M	M	L	-	L	L	M	L	L	L	L	L	H	M
Hydrogen Chloride	HCl	L	H	M	L	L	L	L	L	L	M	L	M	M	L	L	-	L	H	L	L	L	L	M	H	M
Hydrogen Fluoride	HF	M	H	H	L	H	L	L	L	L	L	H	L	H	L	L	L	-	L	H	H	L	L	L	H	H
Hydrogen Selenide	H2Se	L	H	M	M	H	H	L	L	H	H	H	H	L	L	M	H	H	-	L	L	M	M	H	L	L
Hydrogen Sulfide	H2S	L	M	L	L	L	M	L	L	M	L	L	L	M	L	L	L	L	L	-	L	M	M	M	L	L
Methane	CH4	L	L	L	L	H	H	L	L	M	H	M	H	L	L	L	L	M	L	L	-	M	M	M	L	L
Nitrogen	N2	-	-	-	-	-	-	-	-	-	-	-	-	-	-	-	-	-	-	-	-	-	-	-	-	-
Nitrogen Trifluoride	NF3	M	M	M	L	L	L	L	M	L	M	L	M	H	M	L	L	L	M	M	M	-	M	L	H	H
Nitrous Oxide	N2O	M	M	M	L	M	M	L	M	M	M	M	M	H	M	L	M	M	M	M	M	M	-	L	H	H
Oxygen	O2	M	M	M	L	M	L	L	M	L	L	H	L	H	M	L	L	L	H	M	M	L	L	-	H	H
Phosphine	PH3	L	M	L	H	H	M	L	L	H	H	M	H	L	L	H	H	H	L	L	L	H	H	H	-	L
Silane	SiH4	L	M	L	M	H	H	L	M	H	H	L	H	L	L	M	M	H	L	M	L	H	H	H	L	-

H 반응성 높음, M 반응성 중간, L 반응성 낮음

5.6 제독 설비의 처리 능력

(1) 제독 설비의 처리 능력

제독 설비의 처리 능력은 다음에 정한 누출 가정 양을 효과적으로(제독 설비의 출구에서의 가스 농도를 허용 농도 이하로 한다.) 제독 가능한 능력 이상이어야 한다.

a) 제독 설비의 처리 능력은 정상 작업으로 배출하는 양, 또는 다음의 조건에 의해 누출하는 가스의 양 중에서 큰 값의 가스를 처리할 수 있는 능력을 가지는 것으로 해야 한다.

1) 누출 조건: 구경 1″까지는 유효 면적, 2″부터는 유효 면적의 $\frac{1}{2}$, 1톤 용기는 용융선 플러그의 파단
2) 누출량: 15분간의 가스 누출량. 단 가스누출 검지 경보기 및 긴급 차단 장치 등이 연동되어 누출을 정지시킬 수 있는 경우는 3분으로 할 수 있다.

b) 사용 시설의 공급 설비 및 소비 설비에 관련된 제독 설비의 처리 능력은 정상 작업으로 배출하는 양, 또는 다음의 누출 가정 양 중에서 큰 값의 가스를 처리할 수 있는 능력으로 해야 한다.

1) 누출 조건 긴급 차단장치 등의 후단 이후 저압부의 최대 관경 배관의 전단면 파단
2) 누출량

1.1) 가스누출 검지 경보 설비와 긴급 차단장치 등이 작동하고 있는 경우에 있어서는 긴급 차단장치 등의 후단 이후의 가스 보유량

1.2) 가스누출 검지 경보 설비와 긴급 차단장치 등이 작동하고 있지 않은 경우에 있어서는 2분간의 가스 누출량과 긴급 차단장치로부터 하류 측의 가스 보유량의 합계량

c) 용기 보관실과 관련되는 제독 설비의 처리 능력은 다음의 상정에 의해 누출하는 가스를 처리할 수 있는 능력으로 한다.

1) 누출 조건: 용기 밸브로부터 1atm.cc./sec
2) 누출량: 저장 용기 중 최대 충전 용량의 용기 1개의 가스 양

(2) 누출량의 계산

파단부에서의 가스의 누출량은 다음 식 (1) 내지 (3)에 의해 계산한다.

(가) 액상부로부터의 누출(액상부 배관의 파단)

$$W = C_1 C_2 a \sqrt{2gh} \quad \cdots\cdots\cdots\cdots\cdots\cdots\cdots\cdots\cdots(1)$$

여기서, W: 액화 가스의 누출량 [m³/sec]
$C_1 \times C_2$: 누출 계수 0.5
a: 액화 가스의 최대 구경의 유효 면적의 1/2 [m²]
g: 중력 가속도 [9.8 m/s²]
h: 누출 개소의 수두 [m]

계산 예

디클로로실란(SiH_2Cl_2)의 액상 배관 3/8″(외경 9.53mm, 내경 7.53mm)의 $\frac{1}{2}$절단. 압력 0.8kg/㎠g(at 25℃), 액 비중 1.22ton/㎥의 경우의 누출량을 구한다.

$$Q = C_1 \cdot C_2 \cdot a \sqrt{2gh}$$

여기서, Q: 액화 가스의 누출량(㎥/sec)

$C_1 \cdot C_2$: 누출 계수 …… 0.5로 한다.

a: 액화 가스 최대 구경의 유효 면적의 $\frac{1}{2}$(㎡)

……$(7.53 \times 10-3)^2 \times \pi/4 \times \frac{1}{2} = 2.23 \times 10^{-5}$

g: 중력 가속도(m/sec²) …… 9.8

h: 누출 위치의 수두(m) …… $0.8 \times 10 \times 1/1.22 = 6.56$

$$Q = 0.5 \times (2.23 \times 10^{-5}) \times \sqrt{2 \times 9.8 \times 6.56}$$

$$= 1.26 \times 10^{-4}(\text{㎥/sec})$$

$$= 7.59 \times 10^{-3}(\text{㎥/min})$$

$$Q'(\text{gas}) = 7.59 \times 10^{-3} \times 1.220 \times 22.4/101 = 2.05(\text{㎥/min})$$

(나) 기상부에서의 누출(기상부 배관의 파단)

a) 단열지수(γ)에 대응하는 P_2/P_1 값이 표 4에 나타난 P_2/P_1 값 이하인 경우

$$W = CK P_1 \sqrt{M/ZT} \cdot a \quad \text{.................................(2)}$$

b) 단열지수에 대응하는 P2/P1 값이 표 2에 나타난 P2/P1 값을 초과하는 경우

$$W = 548\, K P_1 \sqrt{\frac{M}{ZT}} \sqrt{\frac{}{-1}\left\{ \left(\frac{P_2}{P_1}\right)^2 - \left(\frac{P_2}{P_1}\right)^{+1} \right\}} \cdot a \quad \cdots (3)$$

여기서,　W: 가스 누출량 [kg/hr]

　　　　　C: 가스의 단열지수에 대응하는 수치 [표 7-4에 표시한 수치]

　　　　　P1: 가스 배관의 압력 [kg/cm² abs]

　　　　　P2: 대기압 1.03 [kg/cm² abs]

　　　　　M: 분자량

　　　　　Z: 압축 계수 [1.0으로 한다.]

　　　　　T: 가스 온도 [단위는 절대 온도]

　　　　　γ: 단열지수 Cp/Cv

　　　　　K: 0.5

　　　　　a: 가스 배관의 최대 구경의 유효 면적 [cm²]

　　　　　(제조 설비에 관계된 배관은 유효 면적의 1/2로 할 수 있다.)

표 5-6 단열지수(γ)에 대응하는 P2/P1 값 및 C 값

γ	P₂/P₁	γ	P₂/P₁	γ	C	γ	C
1.00	0.606	1.40	0.528	1.00	234	1.40	265
1.02	0.602	1.42	0.525	1.02	237	1.42	266
1.04	0.597	1.44	0.522	1.04	238	1.44	267
1.06	0.593	1.46	0.518	1.06	240	1.46	268
1.08	0.588	1.48	0.515	1.08	242	1.48	270
1.10	0.584	1.50	0.512	1.10	244	1.50	271
1.12	0.580	1.52	0.509	1.12	245	1.52	272
1.14	0.576	1.54	0.505	1.14	246	1.54	274
1.16	0.571	1.56	0.502	1.16	248	1.56	275
1.18	0.567	1.58	0.499	1.18	250	1.58	276
1.20	0.563	1.60	0.486	1.20	251	1.60	277
1.22	0.559	1.62	0.493	1.22	252	1.62	278
1.24	0.556	1.64	0.490	1.24	254	1.64	280
1.26	0.552	1.66	0.488	1.26	255	1.66	281
1.28	0.549	1.68	0.485	1.28	257	1.68	282
1.30	0.545	1.70	0.482	1.30	258	1.70	283
1.32	0.542	1.80	0.468	1.32	260	1.80	289
1.34	0.538	1.90	0.456	1.34	261	1.90	293
1.36	0.535	2.00	0.444	1.36	263	2.00	298
1.38	0.531	2.20	0.422	1.38	264	2.20	307

계산 예 (1)

모노실란(SiH4)의 기상 배관 3/8″(외경 9.53mm, 내경 7.53mm)의 ½절
단, 압력 90kg/㎠ abs(at 25℃)의 경우 가스의 누출량을 구한다.

이 기준 본문 (2)의 식 (2), (3) 중 어느 식을 이용할 것인지를 정한다.

$P_1 = 90\text{kg/cm}^2 \text{ abs}$, $P_2 = 1.03\text{kg/cm}^2 \text{ abs}$

∴ $P_2/P_1 = 0.011$

단열지수 γ는 부표에서 1.04, 이것에 대응한다.

$P_2/P_1 = 0.597$(본문 표 5-6)

$0.011 < 0.597$ 이므로 (가)의 식을 이용한다.

$$W = CK P_1 \sqrt{M/ZT} \cdot a$$

여기서, C: 단열 지수 1.04로부터 결정된 값 …… 238(표 5-6)

K: 누출 계수 …… 0.5로 한다.

P₁: 고압 측의 압력(kg/cm² abs) …… 90

M: 분자량 …… 32.12

Z: 압축 계수 …… 1로 한다.

T: 가스의 온도(K) …… 25+273=298

a: 분출 면적(cm²) ……$(0.753)^2 \times \pi/4 \times \frac{1}{2} = 0.223$

W: 가스의 누출량(kg/hr)

$$W = 238 \times 0.5 \times 90 \times \sqrt{32.12/(1 \times 298)} \times 0.223 = 783.9 \text{ kg/hr} = 13.07 \text{ kg/min}$$

계산 예 (2)

모노실란(SiH4)의 기상 배관 3/8″(외경 9.35mm, 내경 7.53mm) 전단면 절단, 압력 1.8kg/cm² abs(at 25℃)의 경우 가스의 누출량을 구한다.

$P_1 = 1.8\text{kg/cm}^2 \text{ abs}$, $P_2 = 1.03\text{kg/cm}^2 \text{ abs}$

∴ $P_2/P_1 = 0.572$

단열 지수 γ는 1.24 , 이것에 대응한다. $P_2/P_1 = 0.556$

0.572>0.556 이므로 이 기준 본문 (2)의 (3)의 식을 이용한다.

$$W = 548\,KP_1\sqrt{\frac{M}{ZT}}\sqrt{\frac{}{-1}\left\{\left(\frac{P_2}{P_1}\right)^{\frac{}{2}} - \left(\frac{P_2}{P_1}\right)^{\frac{}{+1}}\right\}}\cdot a$$

여기서, K: 누출 계수 …… 0.5로 한다.

P₁: 고압 측의 압력(kg/㎠ abs) …… 1.8

P₂: 대기압(kg/㎠ abs) …… 1.03

M: 분자량 …… 32.12

Z: 압축 계수 …… 1로 한다.

T: 가스의 온도(K) …… 298

γ: 단열 지수 …… 1.24

a: 분출 면적(㎠) …… 0.446

W: 가스의 누출량(kg/hr)

$$W = 548\times 0.5\times 1.8\sqrt{\frac{32.12}{1\times298}}\sqrt{\frac{1.24}{1.24-1}\left\{\left(\frac{1.03}{1.8}\right)^{1.613} - \left(\frac{1.03}{1.8}\right)^{1.806}\right\}}\cdot 0.446$$

$$= 33.46\,[\text{kg/hr}]$$
$$= 0.558\,[\text{kg/min}]$$

표 5-7 모노실란, 포스핀, 알진, 디보레인의 단열 지수(γ) (온도 25℃)

압력 kg/cm²A	모노실란(SiH4)		포스핀(PH3)		알진(AsH3)		디보레인(B2H6)	
	γ	C	γ	C	γ	C	γ	C
120	1.06	240						
110	1.05	239						
100	1.05	239						
90	1.04	238						
80	1.03	237.5						
70	1.03	237.5						
60	1.07	241						
50	1.10	244						
40	1.14	246	1.04	238			1.06	240
30	1.16	248	1.09	243			1.08	242
20	1.18	250	1.16	248	1.12	245	1.12	245
10	1.21	251.5	1.22	252	1.16	248	1.14	246
5	1.23	253	1.25	255	1.22	252	1.16	248
3	1.23	254	1.26	255	1.30	258	1.17	249
2	1.24	254						
1.8	1.24	254						
1.03	1.24	254						

표 5-8 실란, 알진, 포스핀, 디보레인의 누출 계산(배관 용적: 10리터)

P₁	γ	C	표 P₂/P₁ P₂/P₁	가스 누출량 W(kg/hr)	가스 누출량 V(㎥/min)	경과 시간 초	적분 시간 초
실란 M	32.12						
120	1.06	240.0	0.5790>0.009	1062	12.3	0.5	0.5
110	1.05	239.0	0.5950>0.009	969	11.3	0.6	1.1
100	1.05	239.0	0.5950>0.010	881	10.2	0.6	1.7
90	1.04	238.0	0.5970>0.011	790	9.2	0.7	2.4
80	1.03	237.5	0.5995>0.013	700	8.1	0.8	3.2
70	1.03	237.5	0.5995>0.015	613	7.1	0.9	4.1
60	1.07	241.0	0.5840>0.017	533	6.2	1.1	5.1
50	1.10	244.0	0.5840>0.021	450	5.2	1.3	6.4
40	1.14	246.0	0.5760>0.026	363	4.2	1.6	8.0
30	1.16	250.0	0.5710>0.034	276	3.2	2.2	10.2
20	1.18	251.5	0.5670>0.052	185	2.2	3.7	13.9
10	1.21	253.0	0.5610>0.103	93	1.1	3.7	17.6
5	1.23	253.0	0.5575>0.206	47	0.5	2.8	20.4
3	1.23	254.0	0.5575>0.343	28	0.3	2.2	22.6
2							28.1
알진 M	77.95						
20	1.12	145	0.5800>0.0515	167	0.8	8.1	8.1
10	1.16	248	0.5710>0.1030	142	0.7	5.8	13.9
5	1.22	252	0.5590>0.2060	72	0.3	4.3	18.2
3							26.7
포스핀 M	34.00						
40	1.04	238.0	0.5970>0.026	361	4.0	1.7	1.7
30	1.09	243.0	0.5710>0.034	276	3.0	2.4	4.1
20	1.16	248.0	0.5710>0.052	188	2.1	3.9	7.9
10	1.22	252.0	0.5590>0.103	96	1.0	3.8	11.7
5	1.25	255.0	0.5540>0.206	48	0.5	2.8	14.5
3							20.2
디보레인 M	27.67						
40	1.06	240	0.5790>0.0258	328	4.4	1.5	1.5
30	1.08	242	0.5580>0.0343	248	3.4	2.1	3.7
20	1.12	245	0.5800>0.0515	168	2.3	3.5	7.2
10	1.14	246	0.5760>0.1030	84	1.1	3.5	10.7
5	1.16	248	0.5710>0.2060	42	0.6	2.6	13.3
3							18.6

(다) 사용 시설의 누출 모드

사용 시설의 소비 형태를 보면 그림 1과 같은 형태를 가지고 있는 것이 많다. 여기에 제독 설비에 의해 처리해야 할 누출을 중심으로 한 재독 모드를 정리해 보면 다음 ①~⑥의 경우에 대한 대책이 필요하다.

① 저장 설비 내의 용기에서 누출되는 독성 가스
② 용기에서 누출된 저장 설비 내의 독성 가스
③ 용기 캐비닛 내에 누출된 독성 가스
④ 사용 시설에서 통상 배출되는 독성의 배출 가스
⑤ 소비 설비에서 외부에 누출되는 독성 가스
⑥ 용기 캐비닛과 소비 시설 간의 연결부에서 누출되는 독성 가스

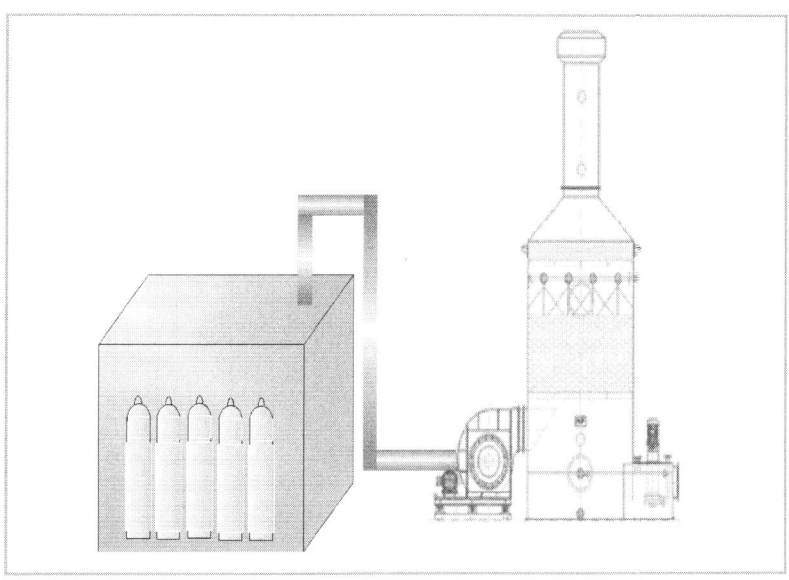

그림 5-11 사용 시설 개략도

5.7 제독 설비에 필요한 보호구

보호구는 다음 각 호의 기준에 의하여 유지 및 보관해야 한다.

(1) 보호구의 종류와 수량

독성 가스의 종류에 따라 다음의 것 및 그 밖에 필요한 보호구를 구비해야 한다. 이 경우 a) 또는 d)의 보호구는 긴급 작업에 종사하는 작업원에 적절한 예비 개수를 더한 수, 또는 상시 작업에 종사하는 작업원 10인당 3개의 비율로 계산한 개수(2 개수가 3개 미만인 경우 3개로 한다) 중 많은 개수 이상을 구비해야 한다. a)의 보호구를 상시 작업에 종사하는 작업원 수에 상당하는 개수를 갖춘 경우에는 b)의 보호구를 구비하지 않는 것으로 한다. 그리고 b) 또는 c)의 보호구는 독성 가스를 취급하는 전 종업원 수의 수량을 구비한다.

a) 공기 호흡기 또는 송기식 마스크(전면형)

b) 격리 식 방독 마스크(농도에 따라 전면 고농도형, 중농도형, 저농도형 등)

c) 보호 장갑 및 보호 장화(고무 또는 비닐 제품)

d) 보호복(고무 또는 비닐 제품)

(2) 보호구의 보관 및 장착 훈련

(가) 보관 장소
독성 가스가 누출될 우려가 있는 장소에 가까우면서도 관리하기가 쉽고, 긴급 시 독성 가스에 접하지 않고 반출할 수 있는 장소에 보관해야 한다.

(나) 보관 방법
항상 청결하고 그 기능이 양호한 상태로 보관해야 하며, 정화통 같은 소모품은 정기적으로 또는 사용 후에 점검하고 교환 및 보충해야 한다.

(다) 장착 훈련
작업원에게는 3개월마다 1회 이상 사용 훈련을 실시하고 사용 방법을 숙지시켜야 한다.

(라) 기록의 보관
보호구의 점검 및 변동 사항 또는 보호구의 장착 훈련 실적을 기록·보존해야 한다.

5.8 제독 설비의 성능

(1) 제독 설비의 기준

제독 설비는 제독을 대상으로 하는 설비에 가능한 한 가깝게 설치하여 배출 가스를 즉시 처리함으로써 허용 농도 이하로 대기 중으로 방출할 수 있는 능력을 가져야 한다. 제독 장치는 설치 장소, 목적 및 용도에 따라 각각 다르지만 일반적으로 요구되는 성능 기준은 다음과 같다.

- 제독 효율이 높을 것

- 여러 종류의 가스에 적용될 수 있는 설비일 것

- 큰 농도 변화에 대응할 수 있을 것

- 먼지, 미스트(Mist)를 함유한 가스 처리가 가능할 것

- 내 부식성이 우수한 재료일 것

- 충분한 보호, 안전 대책이 이루어질 것

- 2차 공해에 대비하는 충분한 대책이 있을 것

(2) 제조 설비의 제독 장치 기준

(가) 비상시

■ 환기 설비의 배기면의 배기 중 가스가 가연성이 아닌 가스, 또는 가연성 가스라 하더라도 폭발 하한계의 1/4 이하의 경우에는 모두 제독 장치에 도입하면 좋다. 그러나 가스 농도가 폭발 하한계의 1/4을 초과하는 경우에는 일부 외기를 흡인하여 처리는 것이 필요하다. 처리 설비의 능력은 짧은 시간 내에 누출한 실내 가스를 허용 농도 이하로 처리하는 것이 요구된다.

■ 누출의 위험성이 있는 곳을 이중 구조로 한 내, 외관 및 국소 배기 설비의 배기 측 누출 위험이 있는 곳을 이중 구조로 한 경우로, 내부를 진공 또는 질소가스 등으로 봉인한 경우에는 공기나 산소가 없기 때문에 제독 장치의 능력까지 도입해도 좋다.

■ 급격한 누출 시 이중 외관에 압력 상승이 있으므로 감압 처리를 한 후 일정 유량으로 조절하여 제독 장치에 도입하는 것이 바람직하다.

■ 국소 배기 설비에서는 전 항의 환기 설비의 배기 측에서 기술한 바와 같이, 급격한 누출의 경우에는 폭발 범위에 들어갈 가능성도 있어 폭발 하한계의 1/4 이하가 되도록 일부 외기를 흡인하면서 처리하는 것이 필요하다.

■ 안전밸브의 방출 라인 안전밸브로부터 순간적으로 다량의 가스가 방출된다. 이것을 직접 처리하기 위해서는 대용량의 제독 설비가 필요하다. 이것 때문에 설비의 용량을 작게 하는 경우에는 긴급 차단장치 등을 적절한 장소에 설치하여, 방출되는 가스의 총량을 적게 한다. 또한 배출된 가스를

일시적으로 저장하기 위한 완충용 탱크 등의 보조 장비를 설치하는 것이 필요하다.

(나) 정상 배출 시

■ 퍼지 라인의 방출 측

배관 중에 체류하는 가스를 질소 등의 불활성 가스로 퍼지하는 경우는 특수 재료 가스의 양 · 압력 · 퍼지 속도 등을 파악하여 방출하는 것이 중요하다. 단시간이라고 하여 너무 급격히 퍼지하면 제독 장치가 과부하 상태가 되어 연소 식 제독 장치로서는 화염이 매우 커지거나 건식 제독 장치로서는 제독 장치가 매우 고온이 되는 것이 있다. 따라서 퍼지 가스는 제독 장치의 능력에 맞게 적당량을 도입한다. 제독 설비의 처리 능력 초과 시에는 제독 설비가 지나친 온도 상승을 발생시키거나 출구에서 허용 농도까지 제독이 가능하지 않은 것이 있으므로 적절한 유량의 관리가 필요하다. 퍼지 속도는 주 배관에서의 속도가 최소 0.3m/s 이상을 유지해야 한다.

■ 분석실의 폐가스 방출 라인

분석 후의 폐가스는 일반적으로 정상 유량이고 그 양도 적기 때문에 다른 방출 라인과 공용으로 사용 가능한 경우가 많다.

■ 용기의 잔 가스 방출 측

잔 가스의 방출은 고압으로 남아 있는 경우 압력 조정기에 의해 일정 압력으로 하고 또한 유량을 조절하면서 제독하는 것이 필요하다. 유량을 제어하지 않으면 퍼지 항에서 언급한 바와 같이 제독 장치에 과부하가 온다.

(다) 장소 제독 장치의 성능

■ 응급 시

a) 공급 설비 및 사용 설비의 배관 파단

공급 설비 및 소비 설비에 관계된 제독 설비의 처리 능력은 저압부의 최대 배관의 전면 파탄에 의해 누출되는 가스량을 처리할 수 있는 능력으로 규정하고 있다. 누출량에 있어서는 가스누출 검지경보 설비와 긴급 차단장치 등이 연동하고 있는 경우에 하류 측의 가스 보유량과 3분간의 누출량의 합으로, 연동하지 않는 경우에는 15분간의 누출과 긴급 차단장치 등으로부터 하류 측의 가스 보유량의 합계로 되어 있다. 실린더 캐비닛 또는 청정 실내에 확산한 가스 농도가 폭발 하한계의 1/4을 넘지 못하게 하는 배기 설비가 필요하다. 또 처리 설비의 능력은 짧은 시간 이내로 누출한 실내 가스를 허용 농도 이하로 해야 한다.

b) 공정 가스의 배출

반도체 산업에서 많은 경우 공정 배기의 정상 상태에 있어서의 유량은 비교적 적다. 또한 공정 가스 사용량은 기기에 의해 정해지고 있다. 배기 중에는 모든 가스가 누출된다고 가정해야 한다. 초저온 펌프 드는 콜드 트랩(cold trap) 등 독성 가스를 트랩하는 기기를 비치하고 있는 경우에는 그것을 정지하거나 제독 장치를 가동할 때 예측하지 않은 대량의 가스가 유입되는 경우가 있다. 이러한 때에는 제독 장치의 급격한 온도 상승과 같은 과부하를 경험하게 된다. 초저온 펌프의 승온이 급격히 일어나서는 안 된다. 가능하면 가스가 축적되지 않은 진공 펌프(기압 양수기)를 쓰는 것이 바람직하다. 또한 진공 펌프(기압 양수기)는 오일 중에 사용한 독성 가스가 일부 용해되고 있기 때문에 초기 배기 시에는 용해된 가스가 방출되어 정상 때의 배기보다 처리 장치의 부하가 커진다. 배기 배관은 동반되는 분체가 퇴적되므로 유지 보수가 중요하다. 무정형의 실리콘 및 화합물 반도체 제조 장치에는 CVD, 이온 주입, 에칭 등의 공정과 비교하여 배출량이 많다.

■ 용기 저장소에 관계되는 제독 장치의 기능 성능

용기 저장소의 제독 설비에 있어서 누출 조건이 1atm · cc/sec인 경우의 제독 능력은 비교적 작은 설비로도 가능하다. 또한 누출량은 최대 충전 용량의 100%이다. 그러나 용기 저장소에 확산된 가스를 처리하기 위해서는 비교적 큰 유량의 설비가 필요하다.

■ 제독 설비는 적당한 강도를 가질 것

■ 제독에 사용하는 제독액, 제독제에 유해 성분이 함유되어 있을 때는 외부로 누출, 비산 등이 되지 않도록 조치를 강구할 것

■ 가연성 가스의 함유, 발생이 우려될 때는 공기, 산소에 의한 폭발 재해를 방지하는 조치를 강구할 것

5.9 제독 설비의 유지 관리

제독 설비는 설비 능력의 유지 및 가스누출 검지 경보기와의 연동 기능 확인을 위하여 다음과 같은 주기적인 점검 및 확인을 실시해야 한다.

■ 설비 능력의 유지를 위해 일상 점검을 실시한다.

■ 설비 능력의 유지를 위해 연 1회 이상 정기적으로 수리 점검을 실시한다.

■ 가스누출 검지 경보기와의 연동에 의한 설비는 월 1회 이상 연동 기능을 확인한다.

■ 제독 설비의 능력을 유지하기 위하여 작업 관리자가 설비 규모에 맞게 일상 점검표를 작성하여 실시할 것.

■ 동 설비에 종사하는 작업원에게는 취급 수순, 점검 사항, 안전 대책에 관하여 정기적으로 교육훈련을 실시할 것.

■ 동 설비의 정기 점검, 정기 수리는 설비에 정통한 자가 실시할 것.

5.10 각종 가스의 성질

표 5-9 각종 가스의 성질

가스 명	분자식	물과의 반응성	연소성	기타 물질과의 반응성	사용상의 주의
염화수소	HCl	반응은 안 해도 물에 잘 용해	O_2에 대하여 안정	F_2와 세차게 반응. 많은 금속과 반응하여 염화물과 수소 발생	수분의 존재로 강산이 되며, 대부분의 금속을 부식. Baked carbon, Graphite 사용 가능
불화수소	HF	물에 잘 용해 $HF+KOH \Rightarrow KF+H_2O$	발연성 (90℃ 이상에서 Mist로 존재)	유리, 석영 등과 반응하여 녹임	폴리에틸렌, 구리, 백금 사용 가능. 유리, 석영은 쉽게 침식
브롬화수소	HBr	물에 잘 용해	불연성 (공기 중의 수분에 의해 연기 발생)	산소와 반응하여 물과 브롬 생성. O_3와 폭발적으로 반응하여 수소 생성	염산보다 약한 산성
6불화황	SF6	반응 안 함	불연성 (500℃ 이하에서 안정)	불순물이 섞일 경우 분해되면서 유독	높은 온도(500℃)에서도 분해되지 않는 장점으로 인해 전기 절연용 가스로 사용

가스 명	분자식	물과의 반응성	연소성	기타 물질과의 반응성	사용상의 주의
염소	Cl_2	$Cl_2 + H_2O \Rightarrow$ $HClO + HCl$ $HClO \Rightarrow HCl + \frac{1}{2}O_2$	지연성	H_2와 폭발적으로 반응. 대부분 금속과 반응	Dry 가스(액): Steel, SUS, 주철, 동합금, 니켈 합금, 연이 사용 가능. Wet 가스: 모넬, 테크론, 하스텔로이 C 사용 가능
4불화규소	SiF_4	물과 반응하여 H_2SiF_6, SiO_2, H_2O를 생성	불연성	600℃에서 $SiCl_4$와 반응하여 $SiClF_3$, $SiCl_2F_2$, $SiCl_3F$ 생성	산화 및 환원에 대하여 안정
4플로르	CF_4	약간 가수 분해	불연성	가연성 가스와 혼합하여 점화하면 분해하여 유독 가스 발생	부식성 없음
6플로르	C_2F_6	약간 가수 분해	불연성	가연성 가스와 혼합하여 점화하면 분해하여 유독 가스 발생	부식성 없음
8플로르	C_3F_8	약간 가수 분해	불연성	가연성 가스와 혼합하여 점화하면 분해하여 유독 가스 발생	쿠식성 없음
3불화메탄	CHF_3	반응 안 함	불연성	가연성 가스와 혼합하여 점화하면 분해하여 유독 가스 발생	쿠식성 없음

가스 명	분자식	물과의 반응성	연소성	기타 물질과의 반응성	사용상의 주의
프레온13	$CClF_3$	반응 안 함	불연성	800℃ 이상의 화염에 접촉하면 $COCl_2$, CO 등의 독성 가스 발생	Mg, Mg 2% 이상 포함된 Al 합금 및 천연 고무 부식
산소	O_2	수용성	지연성	비활성 물질을 제외한 모든 물질과 반응하여 산화	다른 물질이 타는 것을 도우면서 반응성이 큼
알신	AsH_3	가압 하에서 수화물 발생. 용존 산소에 의해 As로 분해	공기 중 청백색 불꽃을 내며 탐. As_2O_3 발생	Cl_2와 반응하여 HCl과 As가 됨	탄소강, SUS, 모넬, 놋쇠, 테프론, 바이톤, 나일론, Kel-F 등 사용 가능
황화수소	H_2S	수용액 중 전리 평균 $H_2S \leftrightarrow H^+HS^-$ $HS \leftrightarrow H^+S^-$	공기 중 청백색 불꽃을 내며 연소	Cl_2, Br_2과 강하게 반응하며 대부분 금속과 습기 하에서 반응	Al, SUS316은 Wet에서 사용 가능. 건조하면 동도 사용 가능
3수소화게르마늄	GeH_3	반응 안 함	자연 발화성	염산, 묽은 황산에는 녹지 않음. 알칼리 용액, 뜨거운 진한 황산에는 녹음	
세렌화수소	SeH_2	가수 분해	공기 중에서 푸른색의 빛을 내며 SeO_2 생성	초산과 강하게 반응	Al, SUS, 탄소강, 황동, 테프론, 바이톤, 나일론 사용 가능

가스 명	분자식	물과의 반응성	연소성	기타 물질과의 반응성	사용상의 주의
스티핑	SbH_3	젖은 유리관 내에서 24시간 완전 분해	공기 중 연소하여 안티온 생성	연소와 강하게 반응하여 $SbCl_3$와 HCl 발생. 알칼리와 반응하여 금속 분해	
3플로르비소	AsF_3	가수 분해			
알신	AsH_3	가압 하에서 수화물 발생. 용존 산소에 의해 As로 분해	공기 중 청백색 불꽃을 내며 탐. As_2O_3 발생	Cl_2와 반응하여 HCl과 As가 됨	탄소강, SUS, 모넬, 놋쇠, 테프론, 바이톤, 나일론, Ke-F 등 사용 가능
포스핀	PH_3	수화물을 생성	공기 중 자연 발화	Cl_2 등의 할로겐 가스와 거세게 반응	NH_3보다 강환원성. 탄소강, SUS, 모넬, ㅎ·스테로이 사용 가능
3염화인	PCl_3	물에 의해 분해하며 염산 생성	불연성 산소와 서서히 화합하여 오키시염화린 생성	HBr, HI와 반응. $PCl_3 + 3HX \Rightarrow PX_3 + 3HCl$	니켈강, 철, 저합금강, 니켈크롬강, 테프론, K3l-F 사용 가능
디보란	B_2H_6	신속하게 완전히 가수 분해하여 붕산과 수소로 분해	공기 중 자연 발화(특히 젖은 공기 40~50℃)	HCl 등과 같은 할로겐 가스와 강하게 반응. NH_3와도 반응	일반 금속 사용 가능. 고두, 그리스, 윤활유 불가. 폴리에틸렌, 테프론 사용 가능

가스 명	분자식	물과의 반응성	연소성	기타 물질과의 반응성	사용상의 주의
3불화붕소	BF_3	가수 분해하여 플로로 붕산 생성	불연성	알칼리, 알칼리토류 금속에 의해 붕소와 금속 화합물 생성	Dry 가스: 강, SUS, Cu, Ni 합금, Al, 모넬 사용 가능. Wet 가스: Cu, 경질 고무, 파이렉스, 유리 사용 가능
실란	SiH_4	가수 분해하여 4배 수소 생성. 특히 알칼리 수용액으로 분해	공기 중 자연 발화	Cl_2 등 할로겐 가스와 강하게 반응	부식성 없음
디크로로 실란	SiH_2Cl_2	가수 분해하여 염산과 포리시로키산 혼합물 생성	100℃ 이상일 때 공기 중에서 자연 발화	아세톤과 반응	대량 수분의 존재로 강산이 됨. 드라이 상태에서 불활성. Al, 황동, SUS 사용 가능
3크로로실란	$SiHCl_3$	물과 세차게 반응하여 염산 생성	공기 중 자연 발화		물의 존재로 강산이 됨
4염화규소	$SiCl_4$	가수 분해하여 규산과 염산 생성		알콜로 분해	물의 존재로 강산이 됨
4수소화게르마늄	GeH_4	실란과 비슷하지만 반응이 적음	실란과 같이 세게 연소하지 않음		

가스 명	분자식	물과의 반응성	연소성	기타 물질과의 반응성	사용상의 주의
3브롬화붕소	BBr3	물에 격렬하게 반응하여 유독 물질 또는 독성 가스 발생	발연성	알콜로 분해. 가연성 물질과 접촉 시 발화하거나 폭발. 열분해로 산 할로겐 화합물, 유기산 생성	열, 화염, 스파크 및 기타 점화원 피할 것. 가연성 물질과 접촉 시 발화하거나 폭발할 수 있음
3염화붕소	BCl3	용이하게 분해하여 염산 생성	불연성	니트로벤젠과 부가 화합물 생성	니켈크롬강, 니켈강, 철, 저합금강, 하스테로이, 테프론 사용 가능
수소화텔루르	TeH2	젖은 공기에 접하면 바로 분해	청백색 불꽃을 띠면서 연소	염소와 강하게 반응하여 테루르 염화물 생성	
4염화주석	SnCL4	가수 분해	불연성	이황화탄소, 찬물에 녹음. 뜨거운 물에서 분해 및 발연	
6불화텅스텐	WF6	가수 분해	비연소성	부식성과 독성을 가짐	폭팔 위험성 가스
4염화게르마늄	GeCl4	가수 분해	발연성	묽은 염산에 녹으며, 진한 염산에 대한 용해도의 약 100배가 됨. 벤젠, 이황화탄소, 클로로포름, 사염화탄소 등의 유기 용매에 녹음	

가스 명	분자식	물과의 반응성	연소성	기타 물질과의 반응성	사용상의 주의
암모니아	NH_3	비 반응. 물과는 잘 용해	공기 중 650℃ 이상에서 가연	할로겐과 세게 반응한 Hg과 반응하여 폭발성 화합물 생성	알칼리성. 부식성 강함. 철, SUS 사용 가능
메탄	CH_4	수용성	가연성	산, 알칼리, 금속, 산화제, 환원제 등과 비 반응. 연소 반응과 치환 반응은 비교적 잘 일어남	폭발 위험성 가스
질소	N_2	수용성	비활성 불활성	다른 원소와 직접 반응하여 질소 화합물을 만듦	
수소	H_2	수용성	산소와의 2:1 혼합물은 500℃ 이상에서 격렬하게 반응하여 폭발 함	상온에서는 반응성이 적지만, 온도가 높으면 많은 원소와 직접 반응하여 수화물 생성	
아르곤	Ar	수용성	비활성 불활성	저온에서 활성탄에 흡착	
헬륨	He	수용성	비활성 불활성	대부분의 원소와 반응하지 않음	

Chapter 6. **방폭**

 가연성 물질로서 농도가 연소 하한계와 연소 상한계를 가지면서 화염, 낙뢰, 정전기, 전기 설비의 열원 등과 접하여 인화점(Flash Point)에 이르면, 맹렬한 속도의 산화반응을 일으켜 강력한 에너지를 분출하게 된다. 이는 화재 또는 폭발로 발전된다. 이 중 전기 설비 또는 계장 설비가 점화원으로 작용하지 못하도록 하는 것이 방폭의 기본 개념이다. 방폭은 폭발 방지의 줄임말이다.

그림 6-1 폭발 모습

6.1 화재 또는 폭발의 요소

화재 또는 폭발의 요소는 가연성 물질·조연성 가스·점화원으로 나눌 수 있다. 만일 이 세 가지 요소 중 한 가지만 제거하면 화재 또는 폭발의 가능성을 없앨 수 있다. 그 중에서 실란, 포스핀과 같이 실내온도에서 자연 발화하는 성질이 있는 물질은 점화원 없이 화재, 폭발이 가능하나, 자연 발화 온도 이하에서 사용, 취급하면 방지가 가능하다. 그러나 이는 실제로는 조절하기가 상당히 어렵다. 또한 조연성 물질인 산소는 일상생활의 대기 중에 항상 존재하므로 엄격한 의미에서의 방폭은 점화원을 제거하는 것이라고 할 수 있다. 점화원의 종류는 다음과 같이 나눌 수 있다.

■ 열원(Heat): 화염 · 적열 · 뜨거운 표면 · 뜨거운 가스 · 초음파 · 가스 충진 · 태양열 · 적외선 등

■ 전기적 불꽃(Electric Sparks): 접점 · 단락 · 단선 등에 의한 아크(Arc) · 정전기로 발생하는 아크 등

■ 기계적 불꽃(Mechanical Sparks): 마찰(Friction or Grinding) 또는 충격(Hammering)에 의한 아크

6.2 용어의 정의

■ 방폭 지역(Hazardous Area): 가연성 가스가 화재나 폭발을 일으킬 수 있는 농도로 존재하거나 존재할 수 있는 장소를 말한다. 가스의 존재 빈도, 체류 시간, 환기 조건 등에 따라 0종 · 1종 · 2종 장소로 구분된다.

■ 비방폭 지역(Non-hazardous Area): 가연성 가스가 존재할 우려가 없는 장소를 말한다.

■ 누출원(Source of Release): 가연성 물질을 누출할 수 있는 지점으로서 주위에 위험 분위기를 생성할 수 있는 각종 용기 · 장치 · 배관 등의 기계

적 연결구(플랜지, 나사식, DISS, CGA등) · 밸브 · 개구부 등을 의미한다.

■ 인화점(Flash Point): 가연성 액체가 증발하여 공기와 혼합, 연소하기에 충분한 농도를 생성하는 가연성 액체의 최저 온도로서 액체의 종류에 따라 다르다.

■ 가연성 물질(Combustible Material): 통상적인 취급 온도 또는 인화점 이상에서 화재나 폭발을 일으킬 수 있는 농도의 증기를 발생하는 인화성 액체와 가연성 액체를 말한다.

■ 인화성 액체(Flammable Liquid): 통상적인 취급 온도에서 인화성 가스를 발생하는 인화점이 37.8℃ 미만이고 증기압이 37.8℃에서 40psia를 초과하지 않는 액체를 의미하며, 다음과 같이 세 가지로 분류한다.
인화점이 22.8℃ 미만, 끓는점이 37.8℃ 미만인 액체는 Class IA
인화점이 22.8℃ 미만, 끓는점이 37.8℃ 이상인 액체는 Class IB
인화점이 22.8℃ 이상, 37.8℃ 미만인 액체는 Class IC

■ 가연성 액체(Combustible Liquid): 인화점 온도 이상으로 취급될 때만 인화성 가스를 발생하는, 인화점이 37.8℃ 이상인 액체로서 다음과 같이 세 가지로 구분된다.
인화점이 37.8℃ 이상, 60.0℃ 미만인 액체는 Class II
인화점이 60.0℃ 이상, 93.4℃ 미만인 액체는 Class IIIA
인화점이 93.4℃ 이상인 액체는 Class IIIB

6.3 위험 장소의 구분

위험 장소란 인화성 또는 가연성 물질이 화재나 폭발을 발생시킬 수 있는 농도로 대기 중에 존재하거나 또는 존재할 우려가 있는 지역을 말한다. 아래 표와 같이 국가별 적용 코드별로 방폭 지역 구분 및 표기 방식이 다르다. 방폭 지역 여부 결정에 있어 다음 각 호의 장소는 방폭 지역으로 구분한다.

■ 인화성 또는 가연성의 증기가 쉽게 존재할 가능성이 있는 지역

■ 인화점 40℃ 이하의 액체가 저장, 취급되고 있는 지역

■ 인화점 65℃ 이하의 액체가 인화점 이상으로 저장, 취급될 수 있는 지역

■ 인화점이 100℃ 이하인 액체의 경우 해당 액체의 인화점 이상으로 저장, 취급되고 있는 지역

표 6-1 방폭 지역 구분

CODE	구분	대상	비고
한국(노동부고시 제1993-19), 일본	0종 장소	위험 분위기가 지속 또는 장기간 존재하는 장소	용기 내부, 장치 및 배관 내부 등
	1종 장소	상용의 상태에서 위험 분위기가 존재하기 쉬운 장소	0종 장소 근접 주변, 송급 통구의 근접 주변, 배기관의 유출구 근접 주변
	2종 장소	이상 상태 하에서 위험 분위기가 단시간 존재할 수 있는 장소	통상적 운전 상태, 유지보수 및 관리 상태를 벗어난 일부 기기의 고장, 기능 상실 또는 오동작으로 인해 위험 분위기가 조성될 수 있는 곳
API / NFPA	Class I	가연성 증기 또는 가스가 폭발이나 연소할 수 있는 충분한 양이 공기 중에 존재하거나 존재 가능성이 있는 장소	
	Class II	연소성 먼지가 존재하는 장소	
	Class III	쉽게 발화할 수 있는 섬유질 또는 솜 부스러기가 존재하지만, 발화될 수 있을 만큼 충분한 양이 공기 중에 존재하지 않는 장소	
	Division 1	정상 상태에서도 가연성 증기나 가스가 존재하는 장소	정상 운전 시나 시스템 고장 시에도 주위에 불꽃이나 고온 가스를 방출하지 않는 방폭 구조의 설비 사용 필요
	Division 2	비정상 상태의 경우 기기 파열, 고장 등으로 가연성 증기나 가스가 나타날 수 있는 장소	정상 상태에서도 점화원을 발생하지 않도록 만들어진 기기를 사용

분진 방폭 지역(Classified Area)은 전기 기기를 설치ㆍ사용하는 데 있어서 특별한 주의를 요하는 폭발성 분진ㆍ공기 혼합물 또는 분진 층이 존재하거나 존재할 우려가 있는 지역을 말한다.

표 6-2 분진 방폭 지역 구분

구분	대상
ZONE 20(20종 장소)	정상 작동 중 분진이 공기와 혼합되어 폭발 농도를 형성할 정도로 충분한 양의 분진 운이 연속적으로 또는 자주 생성되거나, 조절할 수 없을 정도의 과도한 두께의 분진 층이 형성될 수 있는 지역을 말한다. 분진이, 폭발성 혼합물이 자주 또는 장시간 형성될 수 있는 분진 내재 지역의 내부가 여기에 해당된다.
ZONE 21(21종 장소)	정상 운전ㆍ취급 및 보수 과정 등에서 분진이 폭발 농도를 형성할 정도로 분진 운 형태가 생성되거나 생성될 우려가 있는 지역 중 20종 장소가 아닌 ㅈ역을 말한다. 분말을 채우거나 비우는 곳의 인근 지역 및 분진 층이 정상 운전 중 분진 혼합물의 폭발 농도를 조성하거나 조성할 우려가 있는 지역 등이 여기 포함될 수 있다.
ZONE 22(22종 장소)	분진 운이 드물게 짧은 기간 생성되거나 비정상 상태에서 위험 분위기를 생성할 수 있는 분진 축적물 또는 분진 층이 존재할 수 있는 지역 중 21종 장소로 구분되지 않는 지역을 말한다. 단 분진 축적물 또는 분진 층의 제거가 보증될 수 없다면 그 지역은 21종 장소로 구분되어야 한다. 여기에는 분진이 누출되어 축적될 수 있는 분진 내재 설비 인근 지역이 포함될 수 있다(분진이 제분기에서 누출되어 축적될 수 있는 제분실 등).

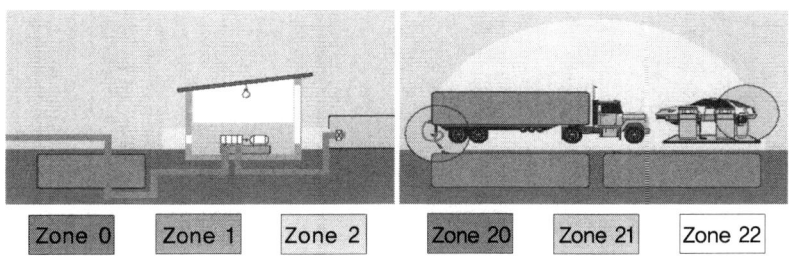

Zone 0   Zone 1   Zone 2   Zone 20   Zone 21   Zone 22

그림 6-2 방폭 지역 구분

6.4 방폭 구조의 종류

■ 내압 방폭 구조(Flameproof Enclosure): 용기 내부에서 폭발성 가스나 증기가 폭발할 때, 용기가 그 압력에 견딜 뿐 아니라 접합면 개구부를 통해서 외부의 폭발성 가스·증기에 인화되지 않도록 한 구조

폭발 봉쇄: 스위치 기어, 모터, 펌프 류
표시: AEx d, EEx d, Ex d

■ 유입 방폭 구조(Oil Liquid Immersion): 전기불꽃 아크 또는 고온이 발생하는 부분을 기름 속에 넣고 기름면 위에 존재하는 폭발성 가스나 증기에 인화되지 않도록 한 구조

격리: 변압기, 스위치, 기어 류
표시: AEx o, EEx o, Ex o

■ 압력 방폭 구조(Pressurized Apparatus): 보호 가스의 압력을 외부 환경보다 높게 유지함으로써 용기 내로 외부 분위기가 유입되지 않도록 보호하는 방폭 구조

조정실, 판넬, 모터, 분석기(Analyzer) 류
표시: Type X, Type Y, Type Z, EEx p, Ex p, Ex pD

■ 본질안전 방폭 구조(Intrinsic Safety): 폭발 분위기에 노출되어 있는 기계·기구 내의 전기 에너지, 권선 상호 접속에 의한 전기 불꽃 또는 열 영

향을 점화 에너지 이하의 수준까지 제한하는 것을 기반으로 하는 방폭 구조

ia 기기의 본안 회로는 해당 ia 기기의 전기회로에 대하여 정상 상태, 1개의 고장을 가정한 상태 및 임의로 조합된 2개의 고장을 가정한 상태에서, 해당 본안 회로에서 발생하는 불꽃 또는 열이 대상으로 한 가스 또는 증기에 점화되지 않는 것이 시험에 의해 확인된 것이어야 한다.

ib 본안 기기 및 본안 관련 기기는 정상 상태 및 1개의 고장을 가정한 상태에서 본안 회로에서 발생하는 불꽃 또는 열이 대상 가스 또는 증기에 점화되지 않는 것이 시험에 의해 확인된 것이어야 한다.
에너지 제한: 계기 류, Control, Gear 류
표시: (IS) AEx ia, AEx ib, EEx ia, EEx ib, Ex ia, Ex ib

■ 안전증가 방폭 구조(Increased Safety): 정상 운전 중에 폭발성 가스나 증기에 점화원이 될 전기 불꽃 아크 또는 고온 부분 등의 발생을 방지하기 위하여 기계적 · 전기적 구조상 또는 온도 상승에 대해서 특히 안전도를 증가시킨 구조

기계적 설계 기준 강화: 모터, 등 기구 Fitting, Box 류
표시: AEx e, EEx e, Ex e

■ 비 점화 방폭 구조(Non Sparking): 정상 작동 및 특정 이상 상태 아래에서 전기 기계 · 기구에 적용하는 방폭 구조

모터, 등 기구, 외함 류
표시: Ex nA

■ 몰드 방폭 구조(Molding or Encapsulation): 폭발성 가스나 증기에 점화시킬 수 있는 전기 불꽃이나 고온 발생 부분을 콤파운드로 밀폐시킨 구조

계기 류, Control, Gear 류
표시: AEx m, EEx m, Ex m, Ex mD

■ 충전 방폭 구조(Powered Filled): 점화원이 될 수 있는 전기 불꽃 아크나 고온 부분을 용기 내부의 적정한 위치에 고정시키고 그 주위를 충전 물질로 충전하여 폭발성 가스 및 증기의 유입, 점화를 어렵게 하고, 화염의 전파를 방지하여 외부의 폭발성 가스나 증기에 인화되지 않도록 한 구조

계기 류(Instrumentation)
표시: AEx q, EEx q, Ex q

■ 특수 방폭 구조(Special): 위에서 표기한 구조 이외의 방폭 구조로서, 폭발성 가스나 증기에 점화를, 또는 위험 분위기로 인화를 방지할 수 있는 것이 시험이나 기타에 의해 확인된 구조

특수: Gas Detector 류
표시: Ex s

6.5 폭발 가스의 발화도 및 전기 설비의 표면 온도

표 6-3 발화온도 및 전기 기기 표면온도

KSC, 노동부 기준 IEC/EN NEC 505-10	NEC 500-3 CEC 18-052	KSC	노동부 기준	IEC	KSC	IEC
T1	T1	450	>300≤450	450	>450	>450
T2	T2	300	>200≤300	300	>300	>300≤450
	T2A			280		>280≤300
	T2B			260		>260≤280
	T2C			230		>230≤260
	T2D			215		>215≤230
T3	T3	200	>135≤200	200	>200	>200≤300
	T3A			180		>180≤200
	T3B			165		>165≤180
	T3C			160		>160≤165
T4	T4	135	>100≤135	135	>135	>135≤200
	T4A			120		>120≤135
T5	T5	85	>85≤100	100	>100	>100≤135
T6	T6		≤85	85	>85	>85≤100

표 6-4 방폭 기기 구조 선정

등급	분류
0종 장소	본질 안전 방폭 구조(Ex ia) 0종 장소에서 특별히 사용할 수 있도록 고안된 방폭 구조
1종 장소	0종 장소에 적합한 방폭 구조 내압 방폭 구조(Ex d) 압력 방폭 구조(Ex p) 유입 방폭 구조(Ex o) 충전 방폭 구조(Ex q) 안전증 방폭 구조(Ex e) 본질 안전 방폭 구조(Ex e) 몰드 방폭 구조(Ex m)
2종 장소	0종 장소 또는 1종 장소에 적합한 방폭 구조 정상 작동 중에 점화원이 될 우려가 있는 고온 표면을 만들지 않도록 하는 전기 기기

6.6 방폭 기호의 일반적인 표기

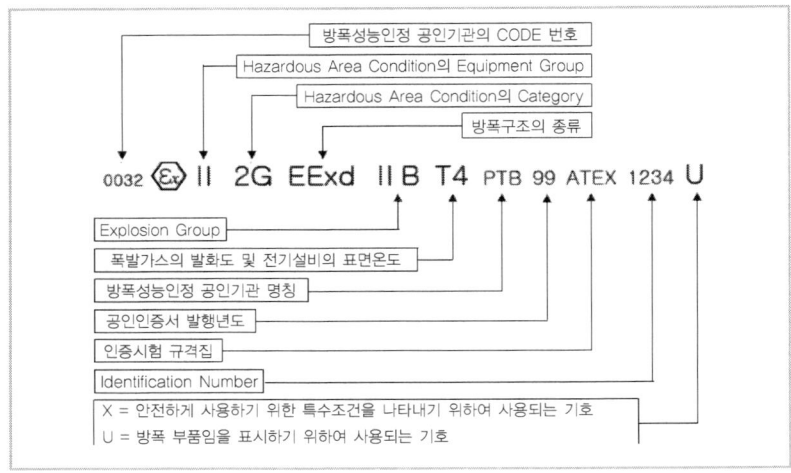

그림 6-3 발화온도 및 전기 기기 표면온도

6.7 국내 법규에 의한 방폭 기기 선정

(1) 산업안전 보건법

다음의 인화성 물질의 증기, 가연성 가스, 폭연성 및 가연성 분진을 사용하는 위험 장소에 대하여 방폭 전기 설비를 해야 한다.

① 인화성 물질 대기압(1기압) 하에서 인화점이 65℃ 이하인 가연성 액체
② 가연성 가스 폭발 하한계가 10vol% 이하이거나 상하한의 차가 20vol%
   이상인 가스
③ 폭연성 분진 공기 중 산소가 적은 분위기 또는 이산화탄소 중에서도
   착화하고 부유 상태에서는 격렬한 폭발을 발생시키는 금속 분진
④ 가연성 분진 공기 중 산소와 발열 반응을 일으키고 폭발하는 분진

(2) 고압가스 안전 관리법

가연성 가스(암모니아, 브롬화메탄 및 공기 중에서 자기 발화하는 가스를 제외한다)의 제조 설비 또는 저장 설비 중 전기 설비는 방폭 성능을 가지는 구조일 것

(3) 소방법

인화점이 65℃ 이하인 인화성 액체는 인화성 물질의 증기로 보아서 이에

대응하는 방폭 전기 설비를 하도록 하고, 그 외의 인화성 액체는 위험물로 보아 이에 대응하는 전기 설비를 하는 것으로 했다. 그러므로 인화점이 70℃ 이하인 인화성 액체인 특수 인화물류, 제1 석유류, 알콜 류, 제2 석유류는 인화성 증기로 구분되어 방폭 기준을 적용받도록 하고, 그 외의 제3 석유류, 제4 석유류, 동식물류는 위험물로 구분하여 전기 설비 기준에 따르는 전기 설비를 하는 것으로 했다.

6.8 방폭 전기 기기의 수입

우리나라에서는 비록 외국의 유수한 방폭 기기 성능검사를 인증 받았다 하더라도 한국산업 안전관리공단 또는 한국가스안전공사 또는 한국산업기술연구원의 인증을 받아야만 국내에서 사용이 가능하다. 이는 국내 산업의 보호뿐만 아니라 성능이 확실히 인증된 제품을 산업계에서 사용하여 폭발로부터 인명과 재산을 보호하기 위함이다. 아래는 외국에서 국내로 방폭 전기 기기를 수입하고자 할 때 필요한 서류를 나열한 것이다.

■ Specification and Manual Specification과 Manual은 성능을 서류로 검사하는 중요한 서류이므로 필히 갖추어야 한다. 종종 간단한 Transmitter 등에 대해서는 매뉴얼을 생략하는 경우도 있으나 미리 미리 준비하는 것이 좋다.

■ 외국 인증기관의 방폭 인증서: 이 인증서는 한국 기관과 MOU(Memorandum Of Understanding)이 체결된 기관인지를 필히 검토해야 한다.

그림 6-4 방폭 인증서

■ Assembly Drawings: 제작 도면을 의미한다. 그러나 이것은 제조사들의 노하우(Know-how) 및 특허 등이 포함되는 경우가 많아서 제조사들이 제공하기를 꺼리는 경우가 많다.

■ 사진: 수입하고자 하는 해당 기기의 전면, 측면이 포함되고 반드시 Name Plate가 포함되어야 한다. 이때 카탈로그 사진은 허용되지 않는다.

■ 성능검사 시험 성적서

제조사로부터 가장 얻기 어려운 서류이다. 제조에 필요한 거의 모든 정보가 포함되어 있기 때문이다. 이 성적서는 갑지뿐만 아니라 실제로 성능을 검사한 자세한 내용이 첨부되어 있는 서류가 필수적이다.

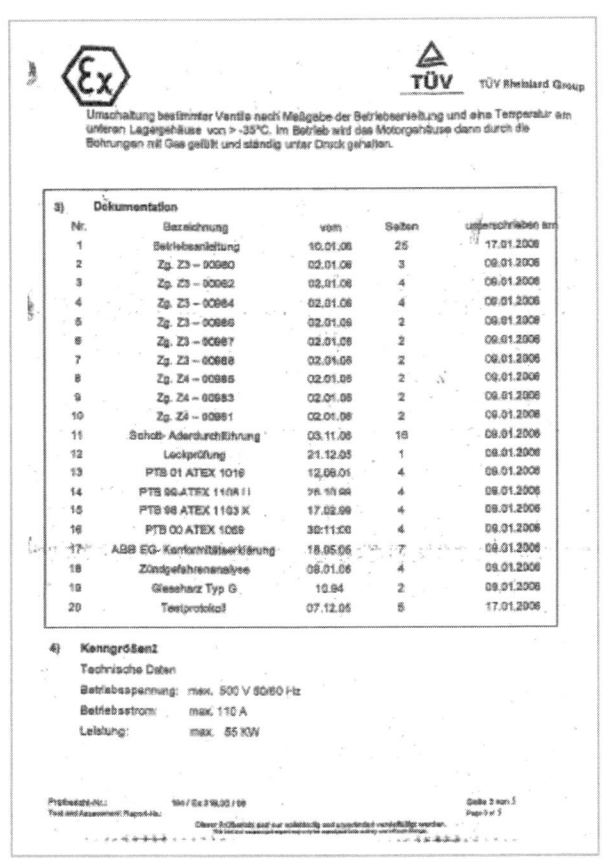

그림 6-5 시험 성적서

■ 수입 신고필증

해당 기기의 수입 신고필증 사본을 제출해야 한다.

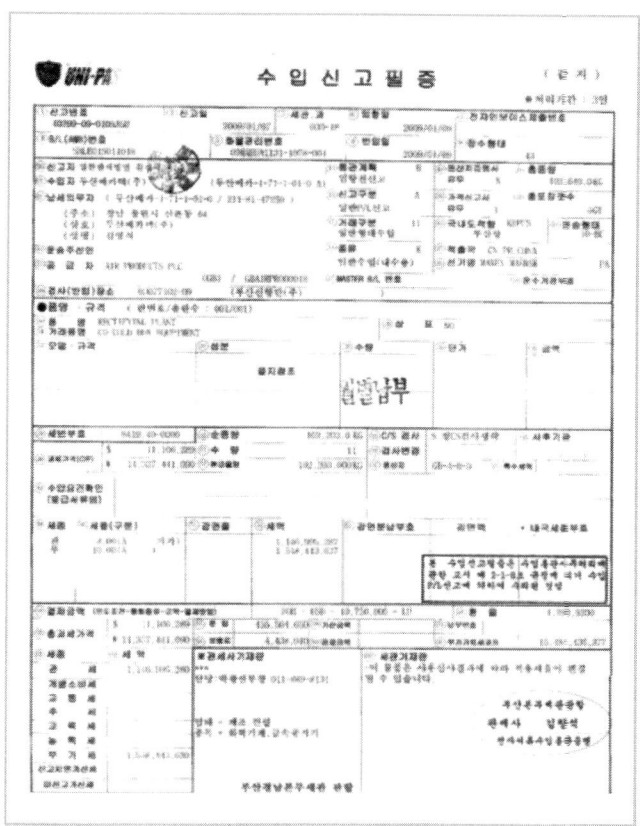

그림 6-6 수입 신고필증

Chapter 7. **밸브**

밸브란 관로(管路)의 도중이나 용기에 설치하여 유체의 유량·압력 등을 제어하는 장치를 말한다. 밸브는 용기용 밸브와 배관용 밸브로 크게 구분된다. 용기용 밸브에는 LPG 용기용 밸브, 압축가스 용기용 밸브, 아세틸렌 밸브 등이 있으며, 배관용 밸브에는 볼(Ball) 밸브, 글로브 밸브 등이 있다. 가정용 사용 시설에는 LPG 용기용 밸브 및 볼 밸브가 주로 사용된다.

7.1 밸브의 기능

밸브의 기능은 흐름의 정지 또는 가동(On/Off), 유량의 변경 (Regulating), 한 쪽 방향으로의 흐름 허용(Check), 다른 방향으로의 흐름의 전개(Switch), 시스템으로부터 토출되는 유체의 허용(Discharge) 등으로 나눌 수 있다.

7.2 밸브의 각 부위

■ 흐름에 직접 영향을 미치는 디스크(Disc) 및 시트(Seat)

■ 디스크를 움직이게 하는 스템(Stem). 일부 밸브는 압력을 받고 있는 유체가 스템을 작동한다.

■ 스템을 감싸고 있는 몸체(Body) 및 보넷(Bonnet)

■ 스템을 움직이게 하는 작동기(Operator)

그림 7-1 게이트 밸브의 구조

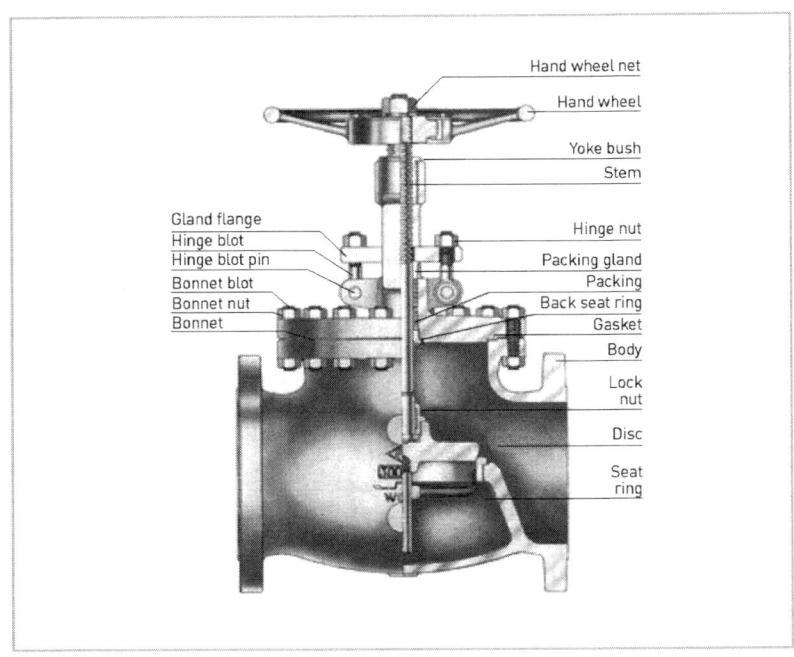

그림 7-2 글로브 밸브의 구조

(1) 디스크(Disc), 시트(Seat) 및 포트(Port)

흐름에 직접적으로 영향을 미치는 이동 부위는 모양과 관계없이 디스크(Disc)라고 부르며, 이동하지 않는 부위를 시트(Seat)라고 한다. 포트(Port)는 내부 흐름이 최대로 열려 있는 부위를 말한다. 밸브의 크기는 배관 끝단에 연결되는 크기로 결정한다.

(2) 스템(Stem)

스템은 수동(Manual)으로 움직일 수도 있고 유압(Hydraulic)·공기(Pneumatic)·전기(Electrical)·원격(Remote)·자동 제어(Automatic Control)·레버(Lever)·스프링(Spring) 등에 움직일 수 있다.

스크류 형 스템은 오르내리는 스템(Rising Steam, 아래 그림 7-3의 (a))과 오르내리지 않는 스템(Non-rising Stem, 아래 그림 7-3의 (b))으로 구분할 수 있다. 오르내리는 스템은 내부 스크류(Inside Screw, IS) 또는 외부 스크류(Outside Screw, OS) 형태로 제작된다. 외부 형태는 보넷 상의 요크(York)를 가지고 있으며, 'OS & Y' 라고 축약된 '외부 스크류 및 요크' 라는 말로 부른다.

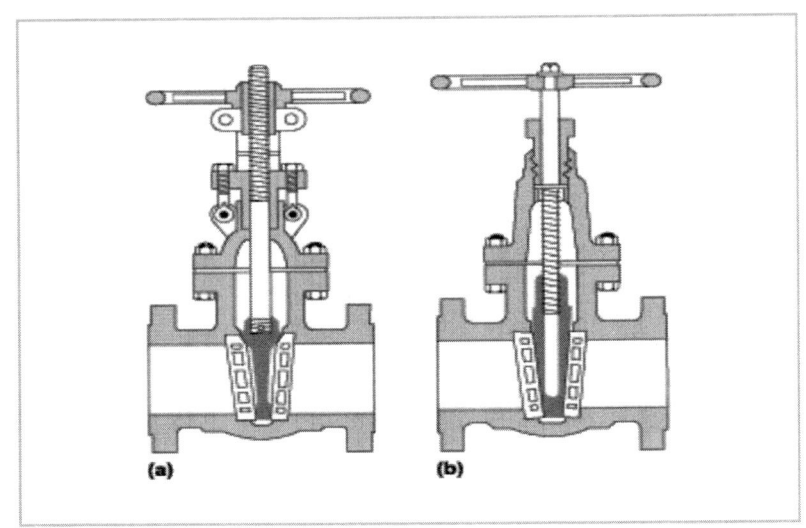

그림 7-3 글로브 밸브의 구조

(3) 보넷(Bonnet)

밸브 보넷에 연결되는 형태는 스크류(유니온 포함), 볼트 또는 끝 부분을 잠그는(Breechlock) 3가지의 기본 형태가 있다.

스크류 보넷(Screw Bonnet)은 밸브가 개방될 때 보통 봉(Stick) 모양으로 회전한다. 비록 봉이 유니온 형태의 보넷보다 문제는 없지만, 스크류 보넷 형의 밸브는 누출 시 사람 또는 환경에 별로 영향을 주지 않는 유체에 널리 사용된다. 유니온 보넷(Union Bonnet)은 단순한 스크류 형태보다는 자주 분해·조립해야 할 필요가 있는 소형 밸브용으로 널리 사용된다. 볼트(Bolt) 형태의 보넷은 탄화수소에 적용되는 스크류 및 유니온 보넷 밸브를 대신하여 사용한다.

산업용에 사용되는 밸브를 결정하기 위해서는 스템을 매끄럽게 해야 한다. 따라서 패킹(Packing)의 선정, 그랜드(Gland)의 설계, 윤활제(Grease)의 선정 및 적용에 있어서 주의를 기울여야 한다. 선정 시 보넷에 어떤 위험이 침투했을 때 드레인(Drain) 역할을 할 것인지, 아니면 윤활유를 주입할 수 있는 곳으로서의 역할을 할 것인지, 2가지 목적을 제공할 수 있도록 랜턴 링(Lantern Ring)을 설치한다.

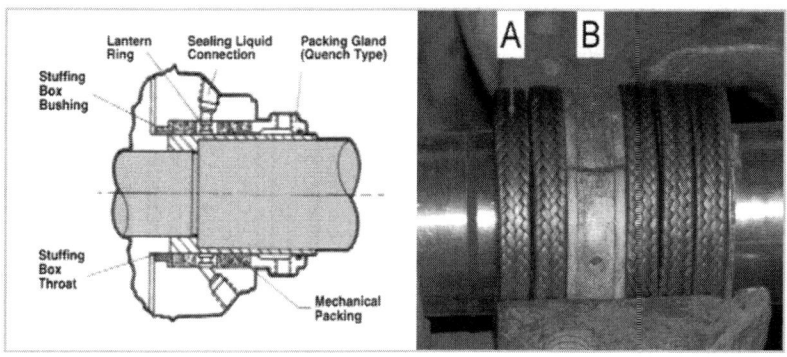

그림 7-4 랜턴 링(Lantern Ring)

(4) 바디(Body)

내부 제작 시 밸브 바디의 재질 선정은 공정에 사용되는 유체와 밀접한 관계가 있으며, 때론 부식을 견딜 수 있도록 덧대기(Lining)를 수행하기도 한다.

밸브는 플랜지, 스크류, 맞대기, 소켓 용접 또는 호스용 마감, 커플링 등으로 연결한다.

(5) 밸브 선정 가이드

표 7-1 밸브 선정 가이드

유체	유체 성질	밸브 기능	디스크 형태	비 고
액체	중성 (물, 연료 등)	개폐	게이트 로터리 볼 플러그 다이아프람 버터플라이 플러그 게이트	없음 없음 없음 연료용의 경우 천연고무는 안 됨 없음 없음
		조절	글로브 버터플라이 플러그 게이트 다이아프람 니들	없음 없음 없음 연료용의 경우 천연고무는 안 됨 없음
	부식성 (알칼리, 산 등)	개폐	게이트 로터리 볼 플러그 다이아프람 버터플라이	반 부식, OS&Y, 벨로우즈실 반 부식, OS&Y 반 부식, OS&Y, 라이닝 반 부식, OS&Y, 윤활, 라이닝 반 부식, OS&Y, 라이닝
		조절	글로브 다이아프람 버터플라이 플러그 게이트	반 부식, OS&Y, 다이아프람 또는 벨로우즈실 반 부식, 라이닝 반 부식, 라이닝 반 부식, OS&Y
	위생설비 (음식, 음료, 제약 등)	개폐	버터플라이 다이아프람	특수 디스크, 투명 시트 위생 라이닝, 투명 다이아프람
		조절	버터플라이 다이아프람 스퀴즈(Squeeze) 핀치(Pinch)	특수 디스크, 투명 시트 위생 라이닝, 투면 다이아프람 투명 플랙시블 튜브 투명 플랙시블 튜브

유체	유체 성질	밸브 기능	디스크 형태	비 고
액체	슬러리	개폐	로터리 볼 버터플라이 다이아프람 플러그 핀치 스퀴즈	마모 방지 라이닝 마모 방지 디스크, 탄력성 시트 마모 방지 라이닝 윤활 없음 중심 시트 부착
		조절	버터플라이 다이아프람 스퀴즈 핀치 게이트	마모 방지 디스크, 탄력성 시트 라이닝 없음 없음 단일 시트, V자 모양의 디스크
	섬유질의 부유물	개폐 및 조절	게이트 다이아프람 스퀴즈 핀치	단일 시트, Knife 중앙 디스크, V자 모양의 디스크 없음 없음 없음
기체	중성 (공기, 스팀 등)	개폐	게이트 글로브 로터리 볼 플러그 다이아프람	없음 합성 디스크, 플러그 형 디스크 없음 없음, 증기어는 부적합 없음, 증기어는 부적합
		조절	글로브 니들 버터플라이 다이아프람 게이트	없음 없음. 적은 유량에만 적용 없음 없음. 증기어는 부적합 단일 시트
	부식성 (알칼리, 산 등)	개폐	버터플라이 로터리 볼 다이아프람 플러그	반 부식 반 부식 반 부식 반 부식
		조절	버터플라이 글로브 니들 다이아프람	반 부식 반 부식, OS&Y 반 부식, 적은 유량에만 적용 반 부식
	진공	개폐	게이트 글로브 로터리 볼 버터플라이	벨로우즈실 다이아프람 또는 벨로우즈실 없음 탄력성이 있는 실

유체	유체 성질	밸브 기능	디스크 형태	비 고
고체	마찰을 일으키는 분말가루 (실리카 등)	개폐 및 조절	핀치 스퀴즈 나선형 Sock	없음 중심 시트 없음
	윤활작용을 하는 분말 (흑연, 운모 등)	개폐 및 조절	핀치 게이트 스퀴즈 나선형 Sock	없음 단일 시트 중심 시트 없음

(6) 밸브 선정의 주요 사항

■ 유체의 형태 결정: 액체 · 기체 · 슬러리 또는 분말 등

■ 유체의 성질 결정: 중성 · 부식성 · 위생 · 슬러리 등

■ 작동 결정: 개폐 또는 조절

■ 선정에 미치는 다른 요인 조사: 유체의 온도 및 압력 · 작동 시간 · 비용 · 가용도(Availability) · 설치 위치 등

7.3 개폐에 사용되는 밸브

산업용에서 개폐의 목적으로 사용되는 가장 일반적인 밸브는 게이트 밸브이다. 이것은 대부분 조정용으로는 적합하지 못하며, Throttling(밸브 포트의 크기를 조절하여 유량을 제어하는 것)은 시트와 디스크의 침식(Errosion) 및 진동(Chattering)을 발생시킨다.

(1) Solid Wedge Gate Valve

단단하거나 유연성이 Wedge Disc를 가지고 있다. 증기, 물, 연료, 공기 및 가스를 포함하여 대부분 유체에 적합하다.

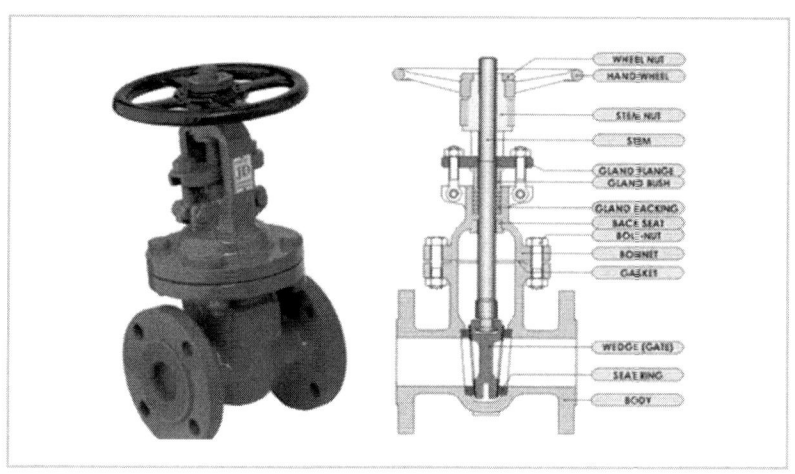

그림 7-5 Solid Wedge Gate Valve

(2) Double Disc Parallel-Seats Gate Valve

중간 온도에서 액체 · 기체에 대하여 사용되나 조정용으로는 부적합하다.

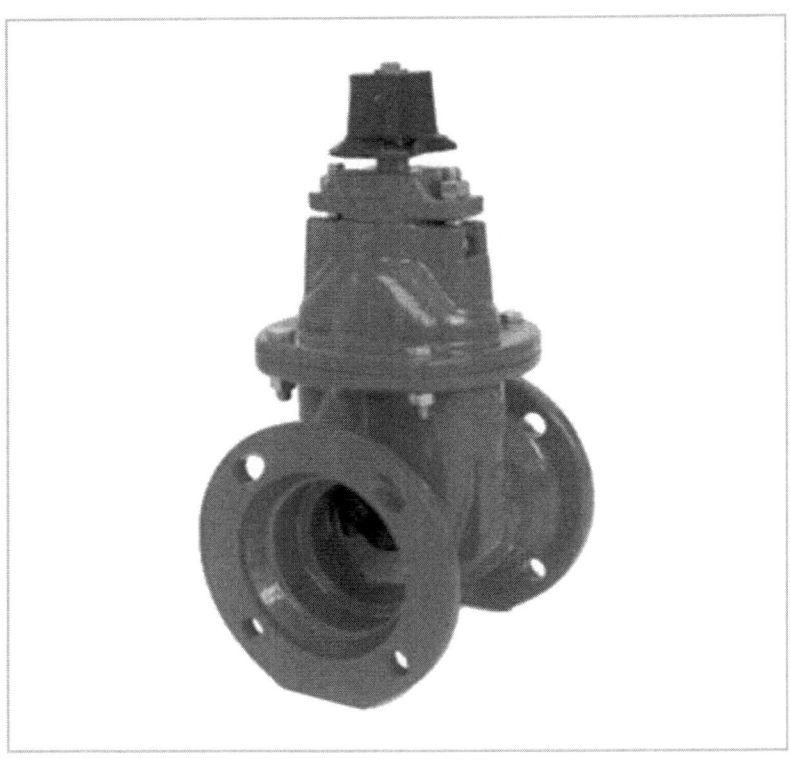

그림 7-6 Double Disc Parallel-Seats Gate Valve

(3) Single-Disc Gate Valve or Slide Valve

제지 펄프 슬러리 및 기타 섬유질 부유물로 취급되며, 저압 가스용으로 사용된다.

그림 7-7 Slide Valve

(4) 플러그 밸브(Plug Valve)

이 밸브의 장점은 작고 90도로 회전함으로써 유체 흐름을 개폐할 수 있다. 잘 막히는 현상이 있으며 운전하는 데 많은 힘이 필요하다.

그림 7-8 Plug Valve

(4) 볼 밸브(Ball Valve)

　볼 밸브의 형식은 플러그 밸브와 유사한 종류의 밸브로 생각할 수 있는데, 그것은 볼 자체가 후로팅되어 있다는 점에서 구형 볼 밸브라고 정의할 수도 있기 때문이다. 나머지 모든 운전 동작이나 기밀 유지의 형식, 구성상의 특징 등이 플러그 밸브와 같다.

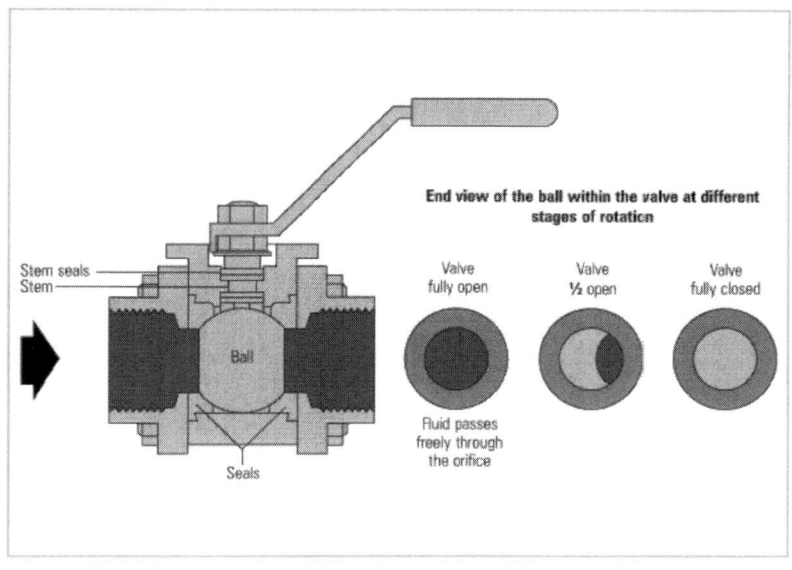

그림 7-9 Ball Valve

(5) 버터플라이 밸브(Butterfly Valve)

게이트 밸브에 비하여 60~70% 정도이고, 볼 밸브나 플러그 밸브에 비해서도 20% 이상 가볍다. 또 밸브의 무게중심이 볼 밸브와 같이 배관 중심선과 거의 일치함으로써 배관계의 구조를 보다 건전하게 한다. 물론 밸브의 구성 부품 수도 적기 때문에 제작이 용이할 뿐 아니라, 밸브 구경 대비 가격도 저렴한 편이다.

그림 7-10 Butterfly Valve

7.4 조절에 사용되는 밸브

(1) 글로브 밸브(Globe Valve)

조절용으로 가장 널리 사용되는 밸브이다. 6인치 이상에서는 게이트 밸브
또는 버터플라이 밸브를 사용하기도 한다.

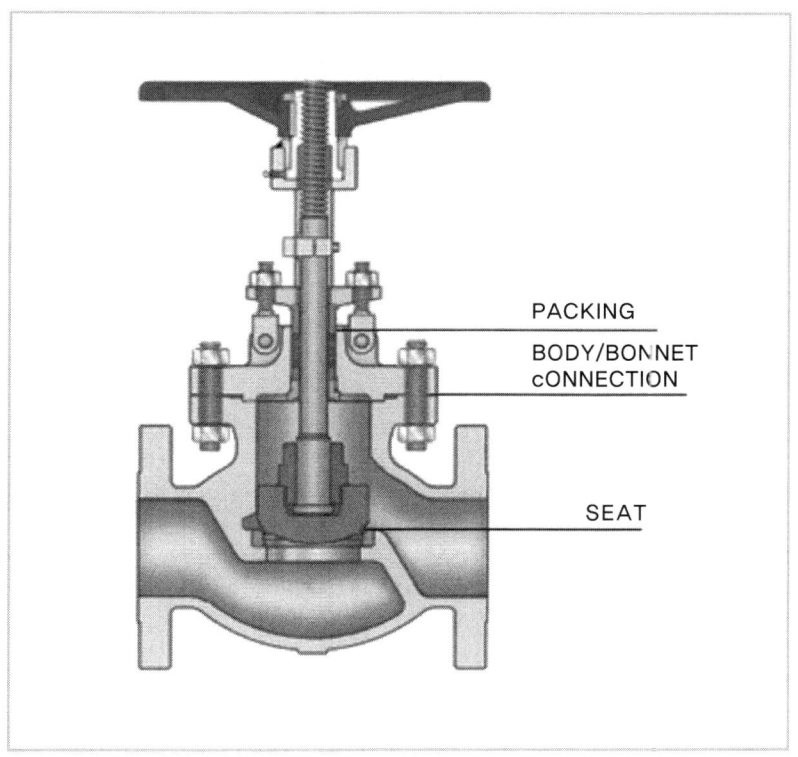

그림 7-11 Butterfly Valve

(2) 앵글 밸브(Angle Valve)

90도 엘보우를 사용하지 않기 위해 몸체 끝단이 직각으로 제작된 글로브 밸브 형태이다. 배관의 각도는 밸브의 형태를 고려해야 하는 일직선 흐름보다도 더욱 높은 응력을 발생시킨다.

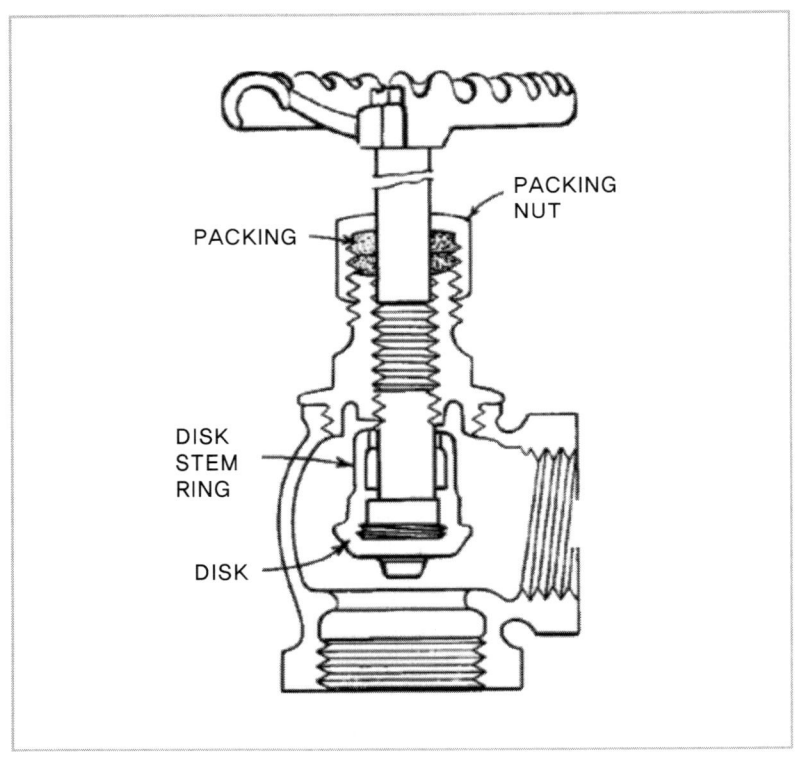

그림 7-12 Angle Valve

(3) Y-body Globe Valve

배관상의 포트와 스템이 약 45도로 형성되어 있다. 부드러운 흐름 패턴 때문에 침식이 있는 유체에 적합하다.

그림 7-13 Y-body Globe Valve

(4) 니들(Needle Valve)

니들 밸브는 액체와 기체에 사용되는 소형 밸브로서 흐르는 양을 조절한다. 바늘 형상의 스핀들이 같은 형상의 실린더를 유동하며 유량을 가감한다.

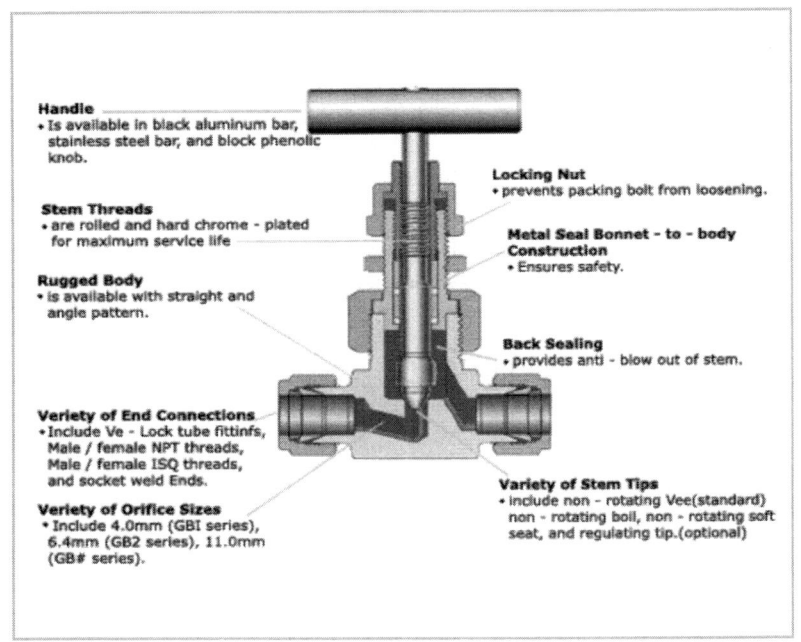

그림 7-14 Needle Valve

(5) 스퀴즈 밸브(Squeeze Valve)

유체의 흐름이 까다로운 액체, 슬러리 및 가루 분말 등의 흐름을 조절하는 데 적합하다. 이 밸브는 중앙 부위에 시트 밸브의 형태를 변형한 것을 사용하며, 완전히 닫히지 못할 경우 최대 조절할 수 있는 마감 범위는 약 80% 정도이다.

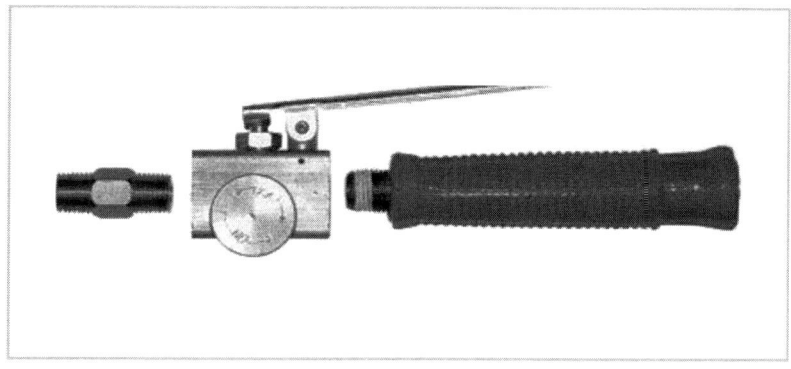

그림 7-15 Squeeze Valve

(6) 핀치 밸브(Pinch Valve)

유체의 흐름이 까다로운 액체, 슬러리 및 가루 분말 등의 흐름을 조절하는 데 적합하다. 특수하게 설계되지 않은 경우 완전한 폐쇄는 가능하지만, 유연성 있는 튜브가 급속히 마모되는 경향이 있다. 엘보우 튜브는 화학적 특성, 경도, 습도 조건, 에어씰 등 광범위하게 선택이 가능하다. 집진기 하부 및 에어 발생 장소에 적합하다.

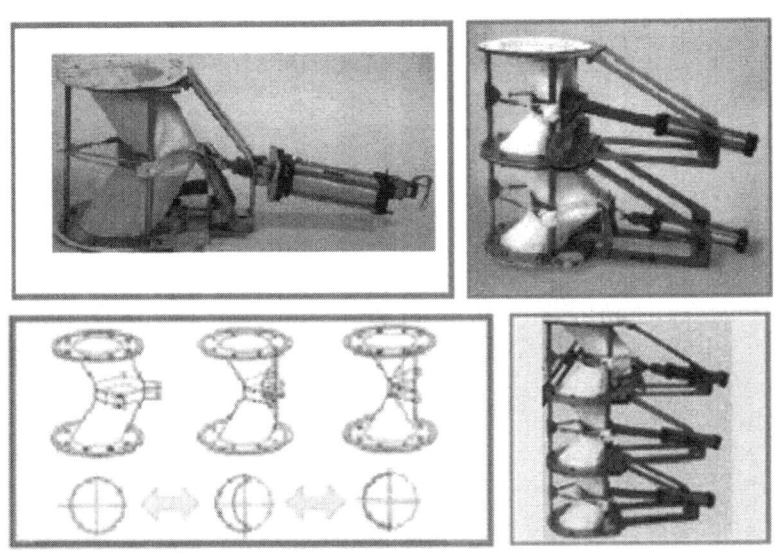

그림 7-16 Pinch Valve

(7) 로터리 밸브(Rotary Valve)

로터리 밸브는 분체나 입체를 하부로 이송하는 방법으로서, 이송 중에 기체의 흐름을 방지하기 위해 기밀을 유지하는 데 사용한다.

베인의 수가 4개, 6개 또는 8개로 구성되는 경우도 있으며, 기밀을 유지해야 하는 정도에 따라서 베인 수가 결정되기도 한다. 유입구와 배출구를 하나의 베인 폭으로 하는 경우, 측면에는 베인과 케이스로 닫힌 상태에 있게 된다. 기체의 유입은 베인과 케이스의 간격에 의해 발생하게 되며, 또한 베인 사이의 부피만큼 기체가 유입된다. 경우에 따라서는 정량 공급을 하는 기능도 있다.

그림 7-17 Rotary Valve

7.5 역류 방지 밸브

체크 밸브(Check Valve)는 운전 특성상 자력으로, 또한 밸브의 트림 또는 동작부가 어떻게 운전하고 있는지를 스스로 가리키는 밸브 중 가장 유별난 밸브의 한 종류이다. 또 유체의 흐름을 한 방향으로만 유지하기 때문에 영어로 'non-return' 밸브라고 한다.

체크 밸브에 대한 심도 있는 연구를 통해 체크 밸브 응용에 따른 워터 해머(수격) 등의 문제점들이 상당히 해결되어 가고 있다. 이들 문제점들의 해결 방안이란, 계통의 운전 특성에 따른 최적 현상의 체크 밸브 운전 거동을 계통의 유체 흐름 현상에 결부시켜 해석하는 것이다.

(1) Swing Check Valve

스윙 체크 밸브의 운전 특징은 힌지 핀(Hinge Pin)을 중심으로 유체의 흐름량에 따라 디스크가 열림으로써 밸브가 개방되고, 유체가 정지함에 따라 밸브 출구 측의 압력과 디스크의 무게에 의해 닫히는 구조이다.

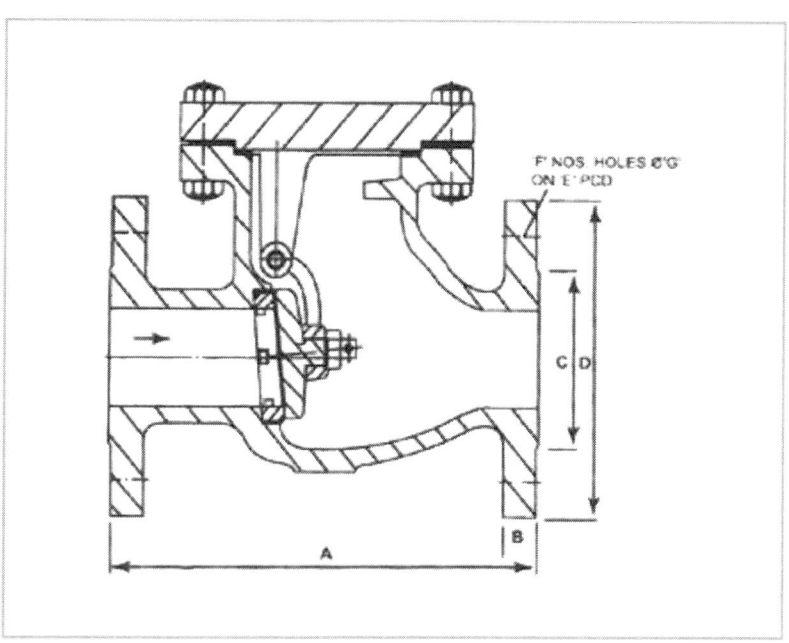

F' NOS. HOLES Ø'G
ON E' PCD

그림 7-18 Swing Check Valve

(2) Lift Check Valve

리프트 체크 밸브는 설계상의 다양한 장점이 있다. 그 반면에 밸브 몸체와 디스크의 안내면이 원활하지 못할 경우에는 밸브가 열린 상태에서 다시 닫히지 않는 콕(Cock) 또는 스틱(Stick) 현상이 있다. 따라서 이러한 현상을 완화시키기 위해서는 유체 흐름을 유속 범위 내에서 스프링을 채택한 Spring Loaded Check Valve로 변경하는 게 좋다.

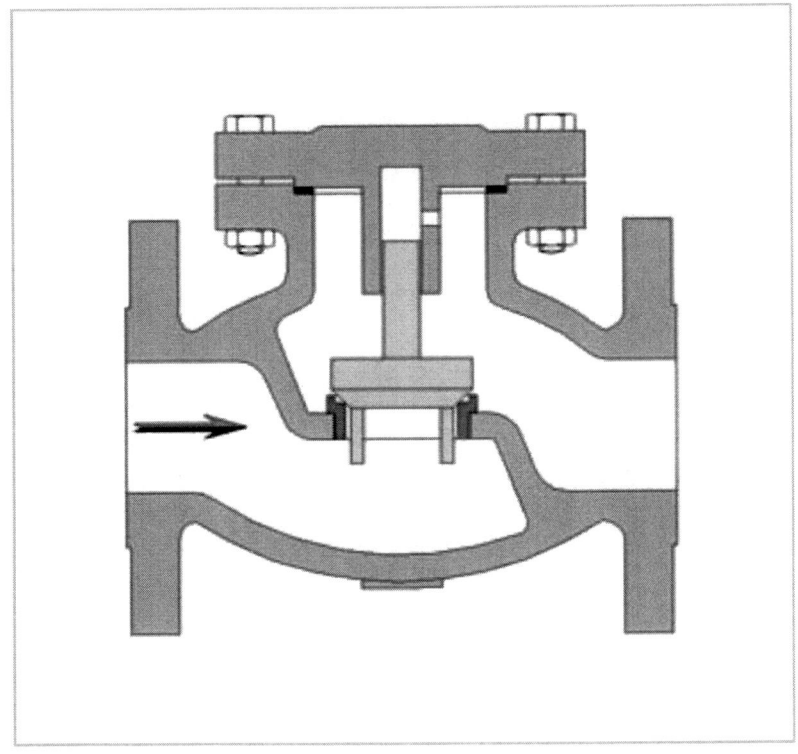

그림 7-19 Lift Check Valve

(3) Tilting Disc Check Valve

틸팅 디스크 체크 밸브는 스윙 체크 밸브와 리프트 체크 밸브로써 만족시키기 어려운, 역류로 인한 급격한 슬래밍(Slamming)을 감소시키고 (스윙 체크 밸브 대비), 리프트 체크 밸브의 작은 동작 범위(Travel Length) 때문에 디스크의 닫힘이 매우 빨라 순간적인 유체 전이력이 커질 때 이를 어느 정도 감소시킬 수 있게 고안된 밸브이다.

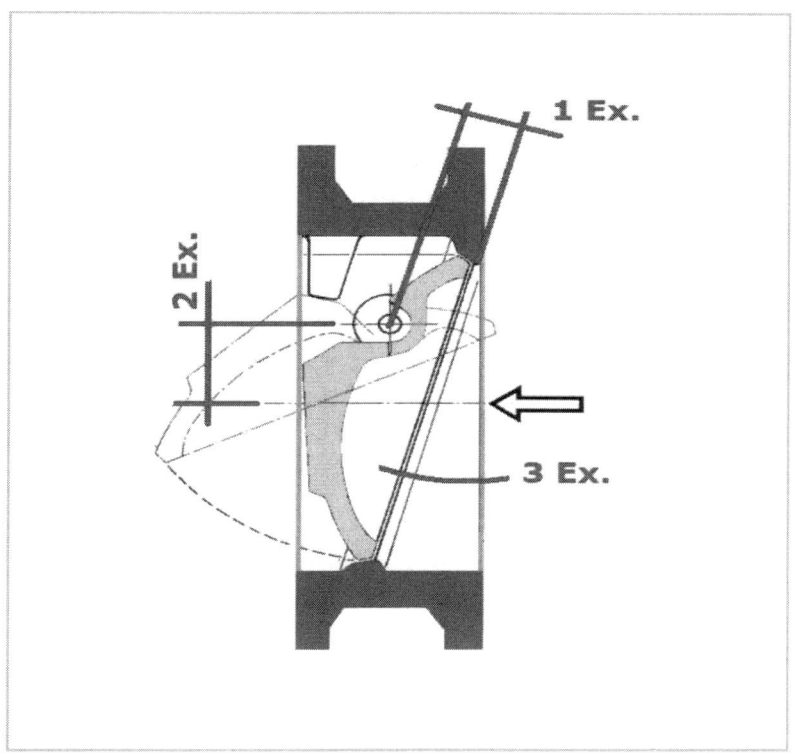

그림 7-20 Tilting Disc Check Valve

(4) Piston Check Valve

통합된 제동장치 때문에 맥동치는 흐름에 훨씬 덜 지배받기 때문에 흐름의 방향이 자주 변경되는 곳에 적합하다. 스프링이 누르고 있는 형태는 어떤 방향에서도 작동될 수 있다.

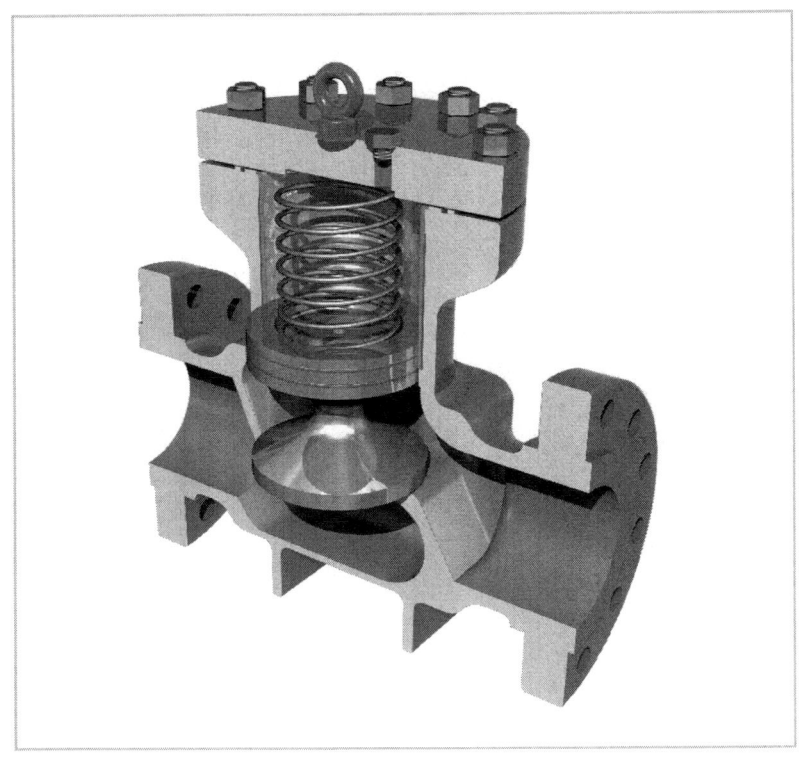

그림 7-21 Piston Check Valve

(5) Stop Check Valve

　스톱 체크 밸브는 두 가지 형식이 개발되어 있다. 하나는 스윙 체크 밸브 형식이고, 다른 하나는 리프트 체크 밸브 형식이다. 스윙 체크 밸브 형식은 스윙 체크 밸브의 본넷 부에 스템을 장치한 것이고, 리프트 체크 밸브 형식은 리프트 체크 밸브의 디스크에 Screw-Down 스템을 장치한 것이다.

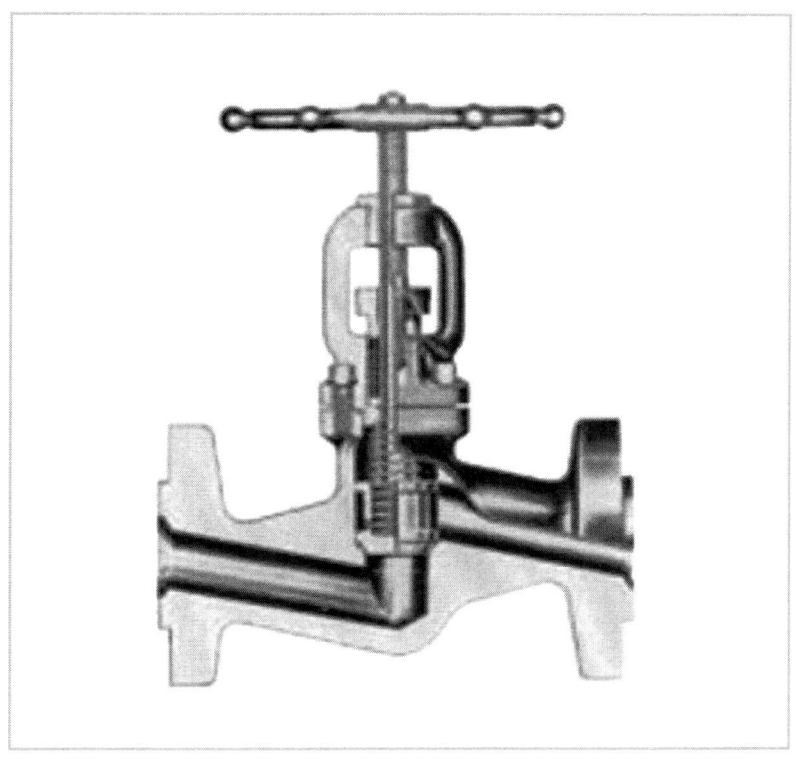

그림 7-22 Stop Check Valve

(6) Ball Check Valve

볼 체크 밸브는 대부분의 서비스에 가능하다. 이 밸브는 점착성 또는 고무성 퇴적물이 생성되는 것을 포함하여 기체, 증기 및 액체를 조작할 수 있다. 볼 시트를 접촉하고 있는 표면을 깨끗하게 유지할 수 있도록 해야 한다.

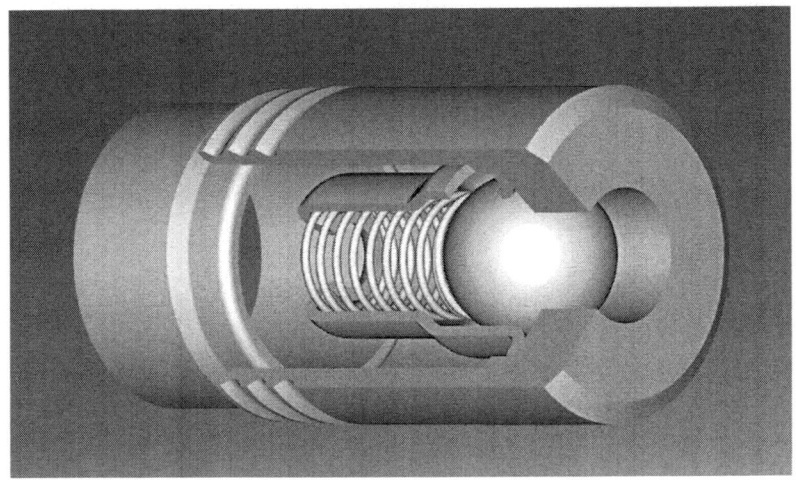

그림 7-23 Ball Check Valve

(7) Wafer Check Valve

웨이퍼 체크 밸브는 여닫이 창문 모양의 싱글(Single) 또는 여미의 판을 스프링으로 고정하여 체크 밸브 역할을 수행하게 하는 밸브이다. 근래에 들어 기술의 진전(스프링 소재의 발전, 스프링의 내구성 향상, 설계의 최적화 등)으로 이 밸브의 사용 추세가 증가되고 있다. 간단하고 비교적 비용이 저렴하기 때문에 오염되지 않은(Non-Fouling) 액체에 대해 빈번하게 사용된다.

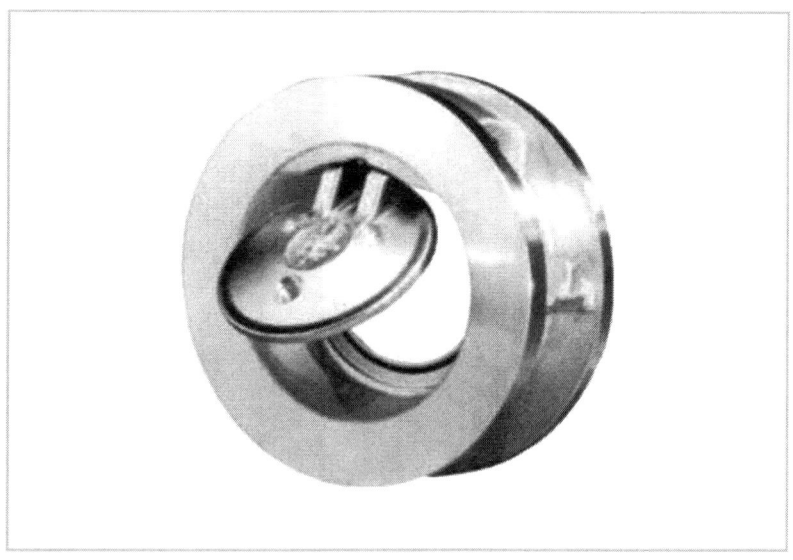

그림 7-24 Wafer Check Valve

(8) Foot Valve

풋 밸브는 액체 속에 잠겨서 운전되는 펌프에 흡입 측 수두를 유지시켜 주기 위해 사용되며, 주로 저수조 안의 액체를 지상에 설치되어 있는 펌프로 이송시킬 때 주로 사용한다. 이 밸브는 기본적으로 스트레이너가 부착된 리프트 체크 밸브이다.

그림 7-25 Foot Valve

7.6 토출용 밸브

토출용 밸브는 배관 내부에서 대기, 배수 또는 낮은 압력 상태 하에서 다른 배관이나 용기로 내부 유체를 제거할 때 사용된다. 운전은 보통 자동으로 이루어진다.

(1) 안전밸브(Safety Valve)

안전밸브는 공기 및 다른 기체를 신속히 개방하여 완전 흐름이 이루어지게 하는 밸브이다.

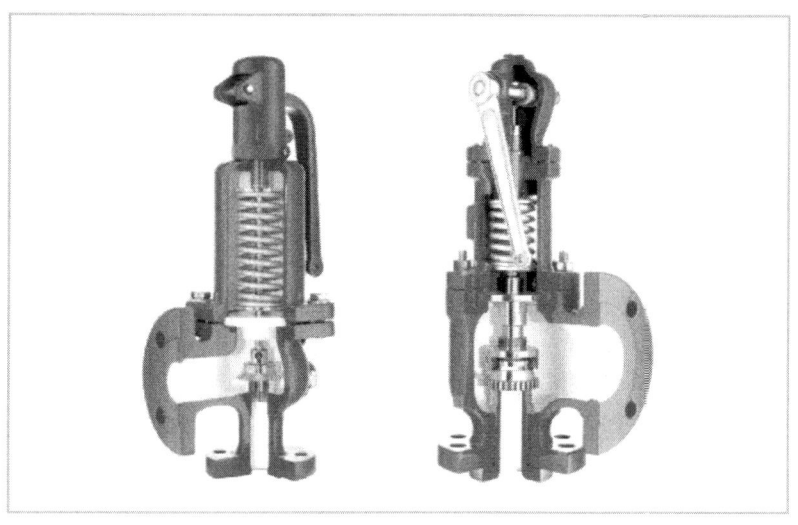

그림 7-26 Safety Valve

(2) Relief Valve

유량을 완전히 배출시킬 필요가 없는 액체 상태에서 과도한 압력을 경감시키고 액체를 소량으로 방출함으로써 급속히 압력을 낮출 필요가 있을 때 사용된다.

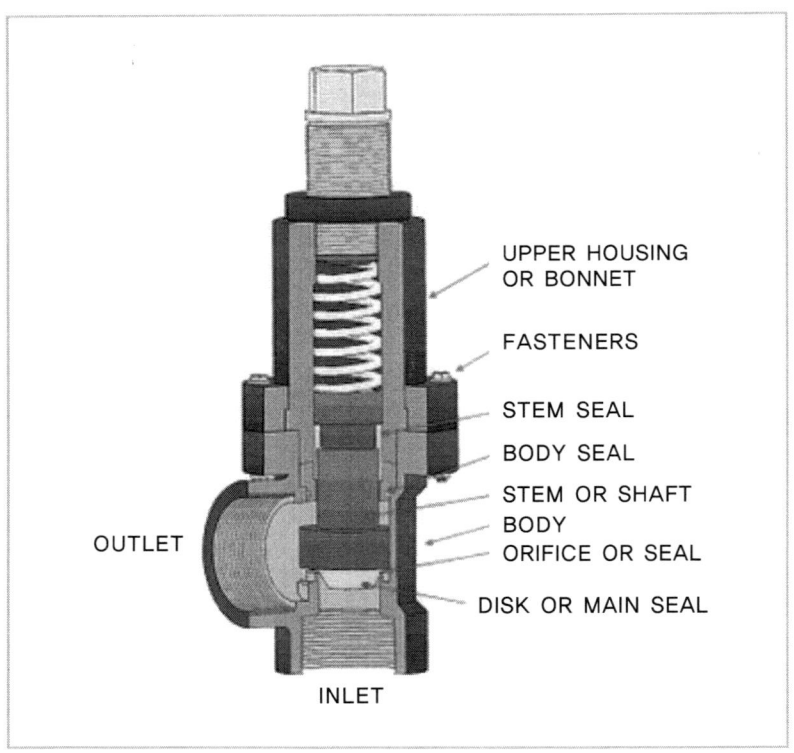

UPPER HOUSING OR BONNET

FASTENERS

STEM SEAL

BODY SEAL

STEM OR SHAFT
BODY
ORIFICE OR SEAL

DISK OR MAIN SEAL

OUTLET

INLET

그림 7-27 Relief Valve

(3) 파열판(Rupture Disc)

시스템에 과도한 압력이 발생할 경우 배출할 수 있도록 설계된 안전장치로서 가스 또는 액체를 급속히 토출하도록 되어 있다. 보통은 플랜지 사이에 설치하며, 교체 가능한 파열판의 형태로 만들어진다. 파열판은 정상 운전 중에도 시간이 지남에 따라 피로에 의한 손상을 입을 수 있으므로 초기구매 시 최소 2~3개를 더 구매하여 현장에 비치하도록 한다.

그림 7-28 Relief Valve

(4) Ball Float Valve

공기를 다루는 장소에서 물을 제거하기 위한 공기 트랩(Air Trap)이다. 액체로부터 공기를 제거하고 진공 차단기(Vacuum Breaker) 또는 호흡 밸브(Breather Valve)로서 작용한다. 탱크에서 수위를 조절하고자 할 경우에도 사용된다. 단 응축수 제거 목적으로는 사용되지 않는다.

그림 7-29 Ball Float Valve

(5) Blowoff Valve

보일러 코드와 일치하는 여러 가지 글로브 밸브. 특히 보일러 분출 서비스(Blowoff Service) 용으로 설계된다.

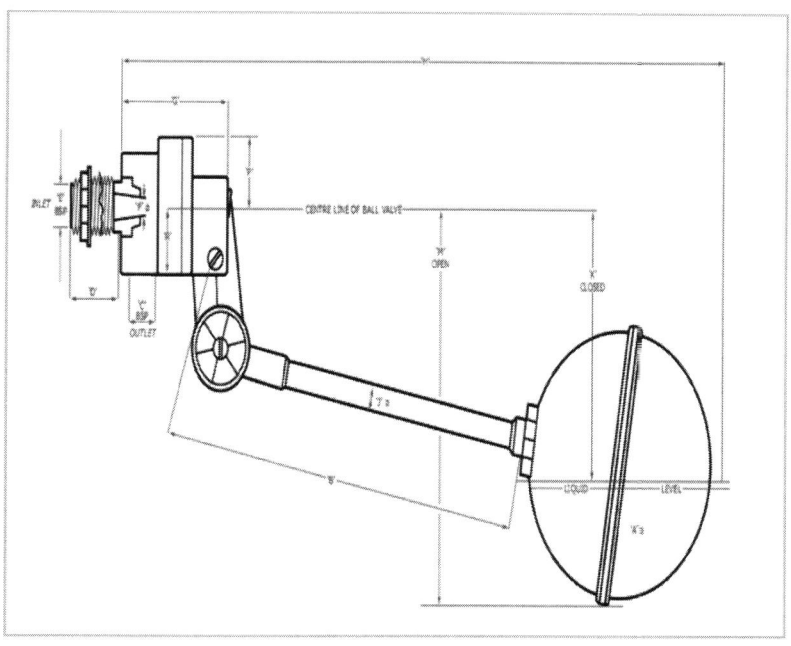

그림 7-30 Blowoff Valve

(6) Flush Bottom Tank Valve

보통은 글로브 형태이며, 탱크의 하부에서 편리하게 액체를 배출시킬 수 있도록 제작된다.

그림 7-31 Flush Bottom Tank Valve

(7) Sampling Valve

보통은 니들 또는 글로브 형태인 이 밸브는 분기점을 거친 공정용 유체를 빼내는 목적으로 사용된다.

그림 7-32 Sampling Valve

(8) 트랩(Trap)

스팀 공정에서 스팀을 배출하지 않고 응축, 공기 및 기체를 배출하고자 할 때, 공기 공정에서 공기를 배출하지 않고 물만 배출하고자 할 때 사용된다.

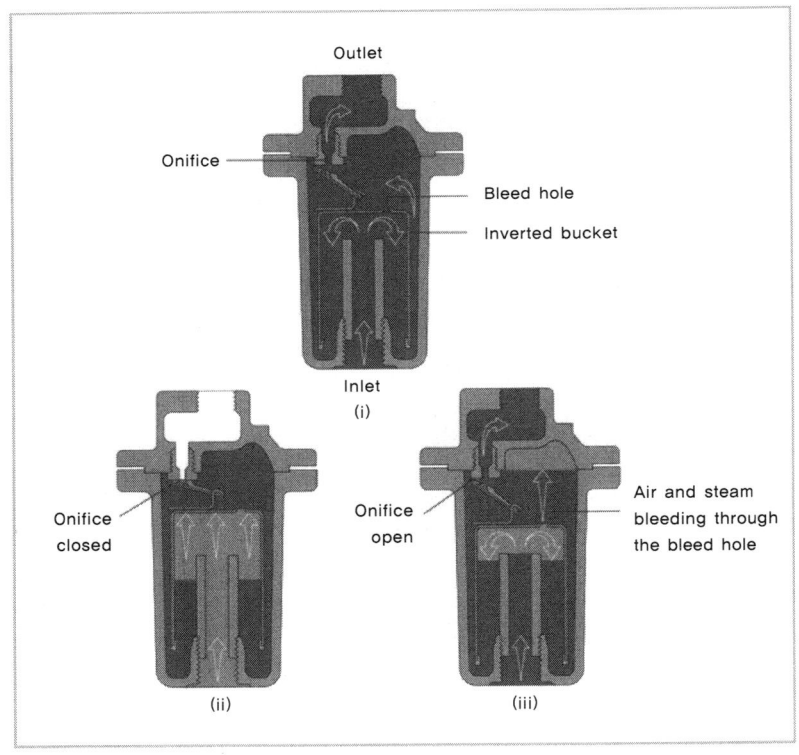

그림 7-33 Bucket Trap

Chapter 8. **모노실란**

　본장에서는 모노실란(Silane)에 대하여 논의하고자 한다. 실란은 반도체 제조 산업에서 NF3(Nitrogen Trifluoride)와 함께 가장 많이 사용되는 특수 가스이다. 그러나 그 특유한 성질(자연 발화 등)로 인하여 많은 사고의 원인이 되는 물질로 알려져 있다. 그러나 실란의 성질을 알고 그 취급 방법을 정확히 이해하면 충분히 안전하게 사용할 수 있다. 그 방법을 소개하도록 하겠다.

8.1 모노실란의 사용 및 제조

실란은 폴리 실리콘을 만드는 과정에서 소요되는 특수 가스이다. 모노실란은 반도체, LCD(Liquid Crystal Display) 공정에서 결정 막을 성장시키는 원료로서 산화공정(Oxidation)과 화학기상 증착(CVD, Chemical Vapor Deposit) 공정 등에 이용된다. 모노실란은 반도체나 태양전지 웨이퍼의 원재료인 폴리 실리콘을 제조하는 공정에서 중간 재료로 사용된다.

폴리 실리콘 제조 공정은 중간재로 사용되는 가스에 따라 크게 삼염화 실란(SiHCl3, Trichlorosilane, TCS)과 유동법(모노실란 법)으로 구별된다. 전형적인 폴리 실리콘 추출 공정인 Siemens 법에서는 금속 급 실리콘에서 만들어진 삼염화 실란을 반응기에 넣고 고온으로 처리하여 폴리 실리콘을 추출해 낸다.

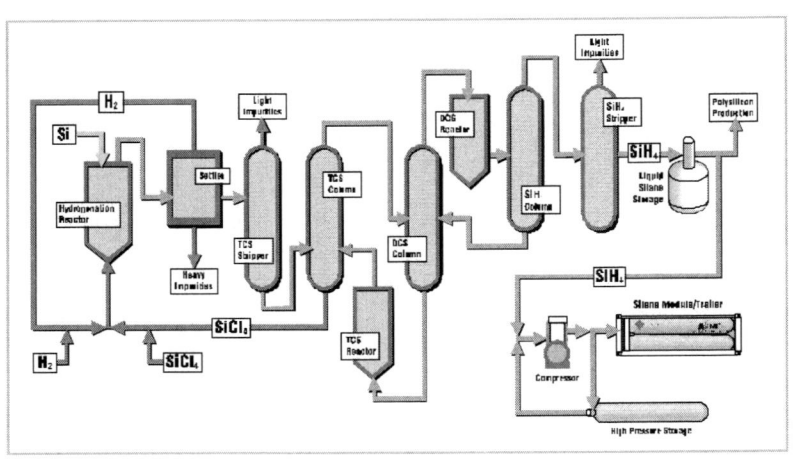

그림 8-1 모노실란 제조 공정

8.2 모노실란의 성질

모노실란은 하나의 실리콘과 네 개의 수소가 결합한 가스이다.

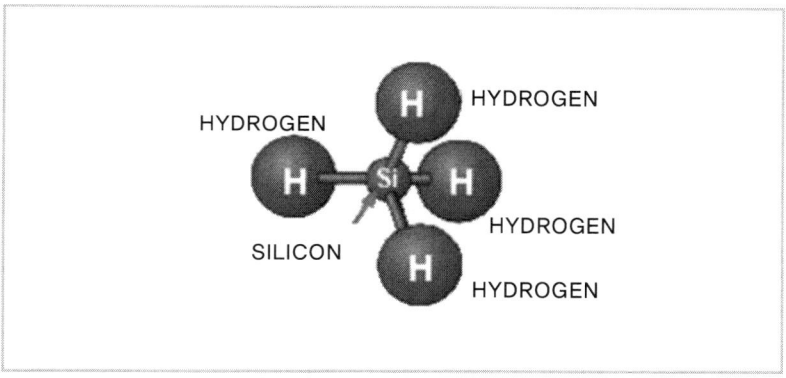

그림 8-2 모노실란

모노실란은 위의 그림에서 알 수 있듯이 실리콘 원소에 연결된 4개의 화학기와 결합하는 단량체로 구성되어 있다.

강력한 자연 발화성을 가지고 있어 대기로 노출되는 즉시 공기와 접촉하여 점화된다. 그러나 아직 모두 밝혀지지는 않았지만, 예를 들어 습도가 높거나 빠른 속도로 누출이 이루어지는 경우에는 즉시 점화가 되지 않고 구름 형태로 이동하다가 증기운 폭발(VCE, Vapor Cloud Explosion)을 일으키는 경우도 종종 있다.

(1) 모노실란의 물리화학적 성질

화학식: SiH4

동의어: 실리콘 테트라 수화물(Silicon Tetrahydride), 모노실란
(Monosilane), 실리칸(Silicane)

CAS 등록 번호: 7803-62-5

물리적 상태: 가스

분자량: 32.112

20℃에서의 가스 밀도: 1.35kg/㎥

냄새: 순수 실란은 냄새가 없으나, 오염되는 경우 자극적인 냄새가 발생
한다.

대기압에서 비등점: -112℃

임계 압력: 703psia

임계 온도: -3.4℃

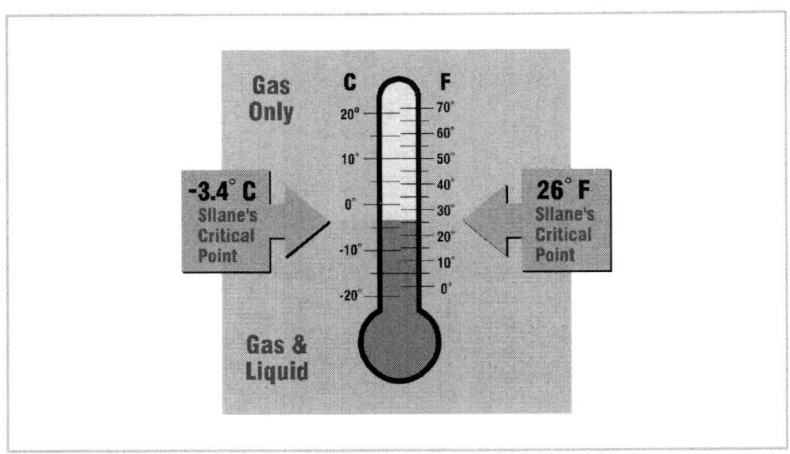

그림 8-3 모노실란 임계 온도

(2) 모노실란의 독성 자료

ACGIH: TLV−TWA 5ppm
LC₅₀: 9600ppm(쥐 4시간)

(3) 가연성

공기 중에서
연소 하한계(Lower Flammability Limit): 1.37%
연소 하한계(Upper Flammability Limit): 96.0%
자연발화 온도(Autoignition Temperature): −50℃

질소 중에서
연소 하한계(Lower Flammability Limit): 0.66%
연소 하한계(Upper Flammability Limit): 95.3%
자연발화 온도(Autoignition Temperature): 알려지지 않음

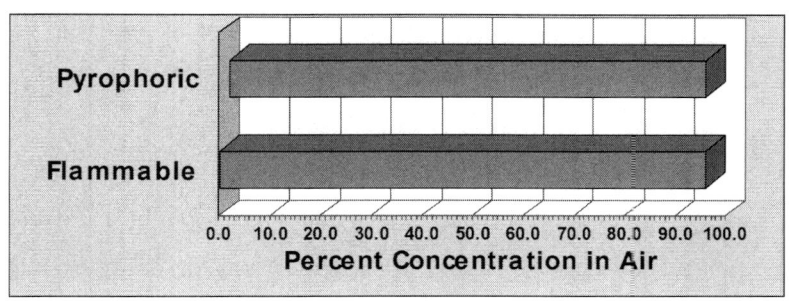

그림 8-4 모노실란 공기 중 연소 한계

(4) NFPA(National Fire Protection Association) 등급

그림 8-5 모노실란 NFPA 등급

8.3 국내 고압가스 안전 관리법의 검토

모노실란은 고압가스 안전 관리법에 의한 가연성 가스이며 독성 가스 이므로 이에 맞게 설계 및 위급해야 한다.

(1) 고압가스 안전 관리법 제20조(사용신고 등)

■ 특정 고압가스를 사용하고자 하는 자로서 일정 규모 이상의 저장 능력을 가진 자 등 산업자원부 령이 정하는 자는 특정 고압가스를 사용하기 전에 미리 시장·군수 또는 구청장에게 신고해야 함

■ 특정 고압가스란 가스수소 · 산소 · 액화 암모니아 · 아세틸렌 · 액화 염소 · 천연가스 · 압축 모노실란 · 압축 디보레인 · 액화 알진, 그 밖에 대통령이 정하는 고압가스

(2) 고압가스 안전 관리법 시행규칙 제46조(특정 고압가스 사용신고)

■ 압축 모노실란 · 압축 디보레인 · 액화 알진 · 포스핀 · 셀렌화수소 · 게르만 · 디실란 · 오불화비소 · 오불화인 · 삼불화인 · 삼불화질소 · 삼불화붕소 · 사불화유황 · 사불화규소 · 액화 염소 또는 액화 암모니아를 사용하고자 하는 자

■ 저장량 또는 사용량과 상관없이 특정 고압가스 사용신고 대상임

(3) 특수 고압가스 시설의 시설 및 기술 기준

■ 사용 설비: 저장 설비 · 배관 · 조정기 · 감압 설비 등 특수 고압가스의 사용을 위한 설비

■ 사용 시설: 사용 설비 및 이에 부속되는 사무실, 그 밖의 건축물 · 소화기 · 가스누설 검지 경보장치 · 재해 설비 · 동력 설비 등 특수 고압가스의 사용을 위한 시설

■ 사용 설비

• 저장 설비 및 감압 설비의 외면으로부터 제1종 보호시설 및 제2종 보호
시설까지 아래와 같은 안전거리 유지

처리능력 및 저장 능력(㎥ or kg)	제1종 보호시설	제2종 보호시설	처리능력 및 저장 능력(㎥ or kg)	제1종 보호시설	제2종 보호시설
1만 이하	17m	12m	3만 초과 4만 이하	17m	18m
1만 초과 2만 이하	21m	14m	4만 초과 5만 이하	30m	20m
2만 초과 3만 이하	24m	16m	5만 초과 99만 이하	30m	20m

• 저장 설비 및 사용 설비의 자동 제어장치 · 방소화 설비 · 비상조명 설
비 · 그 밖의 안전 설비에는 비상 전력 설치

• 저장 시설 및 사용 시설에 방소화 설비 설치

• 사업소에는 긴급 시 신속히 연락할 수 있는 통보 설비 설치

• 다음과 같은 누설된 가스를 제해하기 위한 조치 강구
  ○누설된 가스에 대한 적절한 확산 방지 조치
  ○독성 가스(실란)의 종류 · 양 및 소비 형태에 따른 적절한 흡수 설비 및
  흡수제
  ○제해 작업에 필요한 방독 마스크 및 그 밖의 보호구는 안전한 장소에
  보관하고 사용 가능한 상태로 유지

■ 사용 시설

• 배기 닥트 관련
  ○사용 시설에서 배출되는 가스가 당해 설비 이외의 사용 설비에서 배
    출되는 가스와 상호 반응하여 재해 발생 우려가 있는 경우에는 당해
    사용 설비의 배기 닥트와 별도 구분 설치
  ○사용 설비(저장 설비 제외), 재해 설비 및 당해 사용 시설의 배기 닥트
    는 기밀한 구조
  ○모노실란의 배기 닥트는 배기 중의 생성물이 퇴적되기 어려운 구조
  ○미차 압력계의 설치 등 이상을 조기에 발견할 수 있어ᄒ 함
  ○정기적으로 점검하고 배기 닥트에 생성물을 신속히 제거

• 사용 설비의 설치실은 긴급 시 피난이 용이한 구조

• 사용 설비는
  ○그 내부의 가스를 불활성 가스로 치환할 수 있는 구조 드는
  ○그 내부를 진공으로 할 수 있는 구조

• 사용 설비로부터 배출되는 가스는 당해 특수 고압가스 제해 설비에 의
  해 제해 조치되어야 함

• 사용 설비의 배관은 실란의 성상·압력 및 당해 배관의 주변 상황에 따
  라 필요한 부분에 2중 관 설치

• 저장 설비 관련
  ○주위 5m 이내에 화기 사용을 금지하고, 인화성 및 발화성 물질을 두

지 않음(적절한 안전조치를 한 실린더 캐비닛 및 그 내부에 수납하는
경우 제외)
ㅇ저장 설비에 부착된 배관에는 가스 누설 시 안전한 위치에서 신속하
게 조작할 수 있도록 설치

• 사용 설비에 충전 용기 등을 접속할 때와 분리할 때는 당해 충전 용기
등의 밸브를 닫힌 상태에서 당해 사용 설비 내부의 가스를 불활성 가스
에 의해 치환하거나 당해 설비 내부를 진공으로 할 것

• 안전관리 책임자는 1일 1회 이상 사용 시설을 점검하고, 그 기록을 유지
할 것

• 사용 설비의 수리(청소 포함) 및 그 후의 사용은 다음 기준에 따라 안전
상 지장이 없는 상태로 할 것
ㅇ수리는 미리 수리 등의 작업계획 및 당해 작업의 책임자를 정하고, 수
리 등은 당해 작업계획에 따라 실시하되, 당해 책임자의 감시 하에 실
시할 것
ㅇ사용 설비의 수리 등을 하는 때에는 미리 위험방지 조치(그 내부의
가스를 그 가스와 반응하기 어려운 가스 또는 액체로 치환하는 등)를
할 것
ㅇ수리 등을 위하여 작업원이 사용 설비 내에 들어갈 때에는 다음 조치
를 강구
위의 치환에 사용된 가스 또는 액체를 공기로 재치환할 것
재치환을 한 후 독성 가스의 잔류 여부를 확인할 것
호흡용 보호구를 사용할 것
ㅇ사용 시설을 개방하여 수리 등을 할 때는 당해 개방 부분의 전후 밸

브 · 코크 등을 닫고 명판 설치
○밸브 · 코크 또는 명판에는 조작 금지 표시 및 잠금장치 설치

• 방호벽
○저장 설비와 사업소 안의 보호 시설과의 사이에는 방호벽 설치

• 시설 등의 표지
○사업소 및 저장 설비에는 경계표지와 경계책 설치
○외부로부터 독성 가스 제조시설임을 쉽게 식별할 수 있는 표지 설치

• 고압가스 설비의 내압 능력
○고압가스 설비는 상용 압력의 1.5배 이상의 압력으로 내압 시험을 실시하여 이상이 없을 것(기체 시 1.25배 이상)

• 고압가스 설비의 강도 등
○고압가스 설비는 상용 압력의 2배 이상 압력에서 항복을 일으키지 아니하는 두께를 가지는 것이어야 함

• 저장 탱크(튜브 트레일러 포함)
○가스가 누출되지 않는 구조이고, 5m³ 이상 가스 저장 시 가스 방출장치 설치
○저장 탱크 및 처리 설비를 실내에 설치하는 경우
저장 탱크실과 처리 설비실은 구분하여 설치하고 강제통풍 시설 설치
천정 · 벽 및 바닥의 두께가 30㎝ 이상인 철근 콘크리트로 만든 실로서 방수처리
가스누설 검지 경보장치 설치

저장 탱크의 정상부와 저장 탱크실 천정과의 거리는 60cm 이상

저장 탱크를 2개 이상 설치하는 경우 저장 탱크실을 각각 구분 설치

저장 탱크 및 그 부속시설에는 부식방지 도장

저장 탱크실 및 처리 설비실의 출입문은 각각 설치하고 자물쇠 채움 등의 조치

저장 탱크실 및 처리 설비실 주위에는 경계표지

저장 탱크에 설치한 안전밸브는 지상 5m 이상의 높이에 방출구가 있는 방출관 설치

저장 탱크 및 그 지주에 온도상승 방지 조치

저장 탱크의 저장 능력은 저장 탱크 구조 및 주위 상황에 따라 안전한 저장 능력 이하로 할 것

저장 탱크 외면에는 녹이 슬지 아니하도록 도장

지상 저장 탱크 외부에는 주위에서 보기 쉽도록 가스 명칭 표시(붉은색)

- 고압가스 설비의 기초
  ○ 지반 침하로 그 고압가스 설비에 유해한 영향을 끼치지 아니해야 함

- 가스 설비의 재료·구조 등
  ○ 사용하는 재료는 가스의 종류·성질·온도 및 압력 등에 적합해야 함
  ○ 저장 능력 5톤 또는 5m³ 이상인 저장 탱크 및 압력용기와 지지 구조물, 기초는 산업자원부 장관이 정하는 기준에 따라 지진의 영향에 안전한 구조이어야 함
  ○ 가스 설비는 가스가 누출되지 아니하는 구조로 할 것
  ○ 가스 설비실 및 저장 설비실은 불연재료 사용
  ○ 불연성 재료 또는 난연성 재료를 사용한 가벼운 지붕 설치
  ○ 전기 설비에 대한 방폭 구조는 제외됨

• 안전장치 등

○압력상승 가능 부분마다 내압시험 압력의 8/10 이하의 압력에서 작동
  되는 안전밸브 설치

○긴급차단 장치

  저장 탱크에 부착된 배관에는 그 저장 탱크 외면으로부터 5m 이상 떨
  어진 위치에서 조작할 수 있는 긴급차단 장치 설치

  긴급차단 장치에 딸린 밸브 외에 2개 이상의 밸브를 설치하고, 그 중 1
  개는 저장 탱크 가장 가까운 부근에 설치할 것

  이 경우 그 저장 탱크의 가장 가까운 부근에 설치한 밸브는 가스를 송
  출 또는 이입하는 때 외에는 잠가 둘 것

○제조 시설에는 가스누출 검지 경보장치 설치

  중화 조치가 불가능한 독성 가스의 경우에는 제외

• 용기 보관 장소

○그 경계를 명시하고, 외부에서 보기 쉬운 곳에 경계표지 설치

○충전 용기 보관실은 불연 재료를 사용하고 지붕은 가벼운 재료로 할 것

○용기 보관실에는

  누출된 가스가 체류하지 아니하도록 통풍구를 갖추고 통풍이 잘되지
  아니하는 곳에는 강제통풍 시설을 설치해야 함

  누출된 가스의 확산을 적절하게 방지할 수 있는 구조이어야 함

  검지 경보장치를 설치해야 하며, 흡입장치와 연동시켜 중화 설비에
  이송시키는 설비를 갖출 것

• 가스 설비실 · 저장 설비실

○가스 설비실 및 저장 설비실에는 누출된 가스가 체류하지 않는 통풍
  구조일 것

○통풍이 잘되지 아니하는 곳에는 강제통풍 시설을 설치해야 함

• 비상전력 설비 등
○자동제어 설비, 살수 장치, 방화 설비, 소화 설비, 제조 설비의 냉각수 펌프, 비상용 조명 설비, 그 밖의 안전시설에는 비상전력 설비를 갖추어야 함

• 기타 시설
○제조 설비에는 그 설비에서 발생하는 정전기를 제거하는 조치를 할 것
○사업소 안에는 긴급사태 발생 시기를 신속히 전파할 수 있는 통신시설 설치
○계량에 관한 법률에 의한 교정검사를 받고 표준 교정검사 주기를 경과하지 아니한 압력계를 2개 이상 비치

8.4 모노실란과 관련된 국제 규격

■ ANSI American National Standards Institute

■ CGA G−13 Compressed Gas Association

■ EIGA European Industrial Gases Association

■ AIGA Asia Industrial Gases Association

- FM Global 7–7 Factory Mutual

- NFPA 318 & 55 National Fire Protection Agency

8.5 모노실란의 취급

모노실란은 자연발화 온도가 −50℃로서 대기 온도보다 상당히 낮기 때문에 대기로 방출되면 즉시 점화하는 자연 발화성 압축가스이다. 아주 소량의 누출은 불꽃이 보이지 않으므로 누출 부위 주변에서 볼 수 있는 흰색 또는 갈색 가루(SiO_2)가 쌓여 있는 것으로 알 수 있다.

그림 8–6 모노실란의 각종 화재 모습

주반응 생성물은 SiO2로서 완전 연소 시에는 흰색이지만 불완전 연소인 경우에는 갈색의 먼지 또는 덩어리로 생성된다. 갈색의 물질은 내부에 미연소된 모노실란을 함유하고 있으므로 취급 시 모노실란과 동일하게 해야 한다. 또한 누출이 큰 경우 실란 화재로 인한 두꺼운 SiO2 구름이 발생되는데, 이는 물 분무를 통하여 떨어뜨릴 수 있다. 그러나 이때 실란 화재는 절대로 진화해서는 안 된다. 그 주된 이유는 실란 화재를 진화하는 경우 점화되지 않은 실란 구름이 이동하다가 어느 순간 알지 못하는 지역에서 증기운 폭발을 일으키기 때문이다.

　반응은 $SiH_4 + 2O_2 + 7.5N_2 \rightarrow SiO_2(s) + 2H_2O + 7.5N_2$와 같으며 1.0kg의 모노실란이 반응하면 1.87kg의 비정질 실리카가 생성된다.

　습도가 낮거나 누출 속도가 느린 경우에는 자연 발화하는 성질을 증가시킨다. 이것은 습도가 높거나 누출 속도가 빠른 경우 즉시 점화하지 않고, 많은 양의 실란 가스와 공기가 혼합하여 이동하다가 폭발을 발생시킬 수 있으므로, 이러한 상황을 만들지 않도록 해야 한다.

즉시 점화　　증기운 폭발　　점화되지 않음

그림 8-7 모노실란의 자연발화 모습

　1994년 미국의 SEMATECH(SEmiconductor MAnufacturing TECHnology, 미국 반도체 제조기술 연구조합)에서 발표한 바에 의하면,

누출된 모노실란의 81%는 아래와 같은 위험을 발생시키고, 약 29%는 즉시 점화되지 않은 것으로 나타났다.

화재 59%

폭발 11%

팝(Pop, 작은 화재) 11%

그림 8-8 모노실란의 사고 종류

또한 사고가 발생된 지점을 조사한 바에 의하면,

공정 중 24.4%

실린더 교체 중 26.9%

정비 중 12.2%

알지 못함 36.5%

상기 조사 자료에서 보면, 모노실란 사고의 약 39%(실린더 교체 및 정비)가 사람의 조작에 의해 발생된다는 것을 알 수 있다. 즉 실린더 교체 주기를 줄이거나 정비 시간을 줄이면 상당히 많은 사고를 예방할 수 있는 것이다.

근래에는 반도체 · LCD · 태양광 설비들이 대형화됨에 따라 그 사용량이

늘어서 점점 대형화된 모노실란 공급 설비를 요구하는데, 상기에서 알 수 있듯이 이는 사고예방 측면에서도 좋은 방향이라고 할 수 있다. 강한 자연 발화 성질로 인하여 공기와의 접촉 부위 및 이에 대한 일정 속도를 주어 누설이 발생되더라도, 공기와 혼합하여 연소 하한계 이하로 낮추어 화재가 발생하지 않도록 하거나, 누설 부위에서 화재가 발생되더라도 이의 크기를 줄이는 데 그 목적이 있다. 이러한 이유로 옥외에 실란의 저장, 취급 설비를 설치하는 것을 권고하고 있다.

(1) 옥외 설치

국내 고압가스 안전 관리법에서는 특별히 규정하는 것이 없으나, CGA G-13 및 타 국제 코드(Code)에서는 아주 작은 설비를 제외하고, 누출 시 화재 또는 폭발로 인한 피해를 최소화하기 위하여 옥내 설치보다는 옥외 설치를 권고하고 있다. 옥외 설치는 화재에서 발생하는 복사열을 대기로 흡수시키고, 폭발할 경우 여기서 발생되는 폭풍 압을 감소시키는 효과가 있다.

옥외라 함은 국내법에서는 주변 2면 이상이 대기로 열린 상태를 의미하나, 국제 규격의 경우 실란에 대해 공기의 흐름을 최대화하기 위하여 주변 4면 중 1면만이 닫혀 있고, 3면 이상은 대기로 열린 상태를 추천하고 있다.

대기에서 발생하는 비, 태양열 등을 피하기 위해 방화 기능과 충분히 눈의 무게를 견딜 수 있는 지붕을 추천한다. 이때 지붕의 높이는 가장 낮은 곳이 3.7m 이상이어야 한다.

B 실린더(47리터)　　Y 실린더(470리터)　　ISO 실린더(19,100리터)

그림 8-9 모노실란의 실린더 별 옥외 설치 모습

■ 출구

바닥 면적이 19㎡ 이상인 장소는 최소 2개 이상의 출구를 추천한다. 출구 간의 거리는 23m 이하로 한다. 또한 출입문은 항상 안에서 비상시에 열릴 수 있는 구조(예: panic hardware 등)로 구성되도록 한다.

■ 차량의 진출입이 필요한 모노실란 저장·취급소에는 차량으로 인한 손상을 방지할 수 있는 설비를 고려한다.

■ 적합하지 않은 물질과의 안전거리

실란과 적합하지 않은 물질과는 최소 6.1m의 안전거리를 유지하거나, 이것이 어려운 경우 저장 실린더 높이보다 최소 46cm 이상의 높이로 2시간 이상의 방화 기능을 가지는 벽을 설치하고, 1.5m까지 줄이는 것을 추천한다.

■ 실린더 설비

모노실란을 저장하고 있는 각각의 실린더는 철 구조물로 구성하고, 밸브 또는 다른 연결구에서 발생할 수 있는 화염으로부터 보호하도록 일정 거리를 이격한다. 실린더 사이에는 6mm 두께 이상의 철판을 밸브의 중앙으로부터 상부로 460mm 이상, 하부로 150mm 이상 되게 설비하여, 발생할 수 있는 화염으로부터 타 설비로의 화염 전파를 방지할 수 있도록 한다.

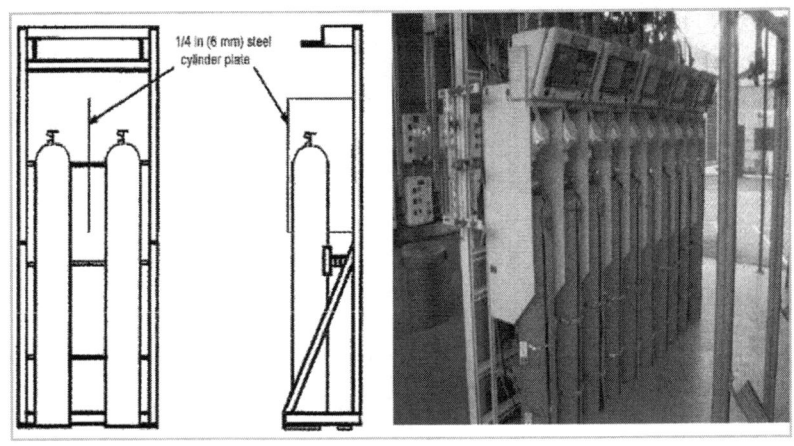

그림 8-10 모노실란의 실린더 설치 모습

그림 8-11 모노실란의 실린더 화염 및 설치 모습

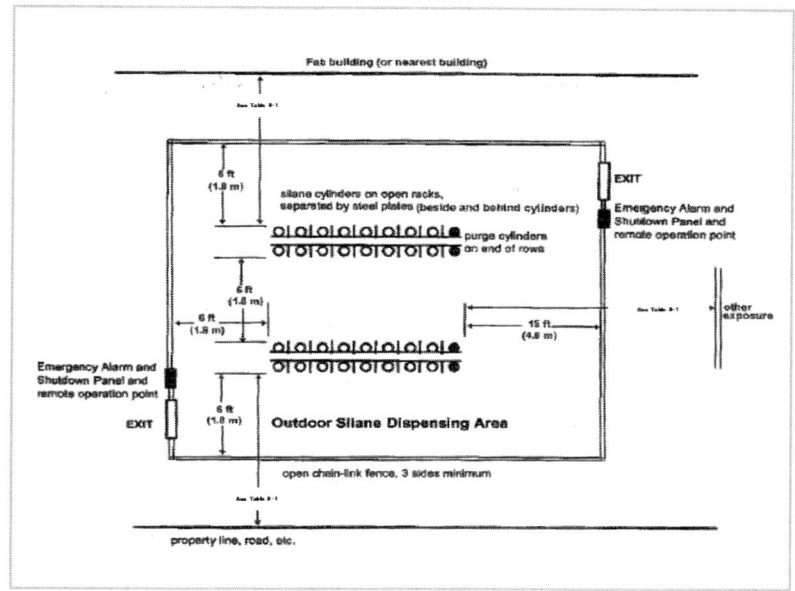

그림 8-12 모노실란 실린더 옥외 설치 대표도

■ 벌크(Bulk) 설비

누출원(Process gas panel 또는 Control panel)과 용기와는 9m의 이격 거리를 유지하거나 2시간 이상의 방화벽을 설치한다. Process gas panel과 Control panel과는 최소 4.6m를 이격시킨다.

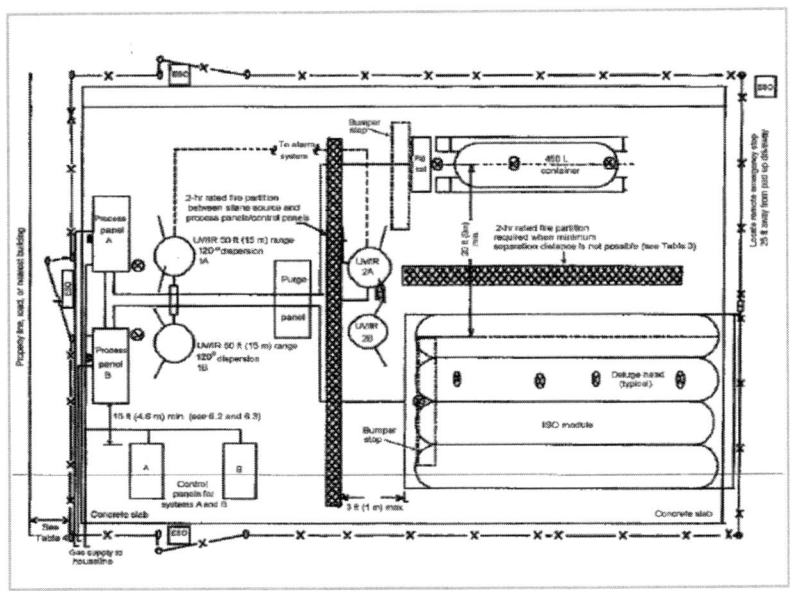

그림 8-13 벌크 모노실란의 옥외 설치

■ 다른 설비와의 안전거리

표 8-1 모노실란 용기 450리터 이하의 안전거리(CGA G-13)

Type of Exposure	Minimum distance to exposures for different storage and volumes[1) 2) 3)]							
	Cylinders[4)] ≤600ft³ (17m³)		Cylinders[5)] 601–2500ft³ (71m³)		Cylinders[5)] 2501– 10000ft³ (283m³)		450L Cylinders[5)] ≤10000ft³ (283m³)	
	ft	m	ft	m	ft	m	ft	m
Place of public assembly property line that is able to be built upon	20	60	30	9	50	15	60	18

Type of Exposure	Minimum distance to exposures for different storage and volumes[1) 2) 3)]							
	Cylinders[4)] ≤600ft^3 (17m^3)		Cylinders[5)] 601–2500ft^3 (71m^3)		Cylinders[5)] 2501–10000ft^3 (283m^3)		450L Cylinders[5)] ≤10000ft^3 (283m^3)	
	ft	m	ft	m	ft	m	ft	m
Public street and sidewalk	20	60	30	9	50	15	60	18
Buildings of nonrated construction[7)]	15	5	25	8	25	8	40	12
Buildings of nonrated construction[8)]	20	6	25	8	25	8	40	12
Buildings with 2 hr fire rating and no openings within 25ft(8m)	5	1.5	5	1.5	5	1.5	5	1.5
Buildings with 4 hr fire rating and no openings within 25ft(8m)	0	0	0	0	0	0	0	0
Compatible compressed gas cylinder storage or other silane nests[7)]	9	3	9	3	12	4	30	9
Compatible compressed gas cylinder storage or other silane nests[8)]	20	6	20	6	20	6	40	12
Incompatible compressed gas cylinders and materials	20	6	20	6	20	6	40	12

Type of Exposure	Minimum distance to exposures for different storage and volumes[1] [2] [3]							
	Cylinders[4] ≤600ft³ (17m³)		Cylinders[5] 601–2500ft³ (71m³)		Cylinders[5] 2501– 10000ft³ (283m³)		450L Cylinders[5] ≤10000ft³ (283m³)	
	ft	m	ft	m	ft	m	ft	m
Flammable and/or combustible liquid storage above ground[7] (a) 0 to 1000gal(3785 L) (b) In excess of 1000ga(3785 L)	10 25	3 8	10 25	3 8	25 50	8 15	25 50	8 15
Flammable and/or combustible liquid storage above ground[8] (a) 0 to 1000gal(3785 L) (b) In excess of 1000ga(3785 L)	20 25	6 8	20 25	6 8	25 50	8 15	25 50	8 15

1) The distances are based on permissible exposure to thermal radiation.
2) The distances specified are allowed to be reduced to 5ft(1.5m) when protective wall are provided.
3) Volume shown in liters refers to the water volume of the cylinder.
4) For cylinders with internal volume of 1.8ft³(50 L) or less in storage or for those in use when separated to prevent flame impingement.
5) For cylinders with internal volume of 1.8ft³(50 L) or less in storage only.
6) For cylinders with internal volume of 1.8ft³(50 L) and not exceeding 16ft³(450 L) in storage or use.
7) Silane packaged in steel cylinders or fiber overwrapped aluminium cylinders or silane stored in proximity to compatible gases packaged in steel or aluminium fiber overwrapped cylinders.
8) Silane packaged in steel cylinders or silane stored in proximity to compatible gases packaged in aluminium cylinders.

표 8-2 모노실란 용기 450리터 초과의 안전거리(CGA G-13)

Type of Exposure	Minimum distance to exposures[1] [2] [3] [4] [5] [6] >450 L[5] cylinder to include tube trailer or ISO module[1]					
	<600psig (4140kPa)		>600 to 1000psig (6900kPa)		>1000 to 1600psig (11030kPa)	
	ft	m	ft	m	ft	m
Place of public assembly	175	53	275	84	450	137
Property lines	110	34	180	55	300	91
Buildings on site[7]	25	8	25	8	40	12
Buildings of nonrated construction[8]	25	8	25	8	40	12

1) Maximum silane pressure in the container.
2) The distances are based on the potential for overpressure due to late ignition of released silane from individual containers of the sized noted. Overpressures are determined in part by potential release from the pressure relieving device used for containers of the size noted. The container volumes shown are based on the maximum water content of individual containers whether manifolded or not.
3) Distance to buildings are allowed to be reduced depending on the ability of the building to resist overpressure.
4) Distance for pressures and volumes outside those shown in the table shall be determined by engineering analysis subject to the approval by the authority having jurisdiction.
5) Volumes expressed in liters refer to the water content of containers specified.
6) Tube trailers or ISO modules equipped with PRDs with a venting orifice of ≤1.0in(25mm) in diameter.
7) Where greater encroachment is required for buildings on site refer to other guideline.

■ 공급중단 비상 버튼

적어도 하나 이상의 원격 공급중단 및 수동 공급중단 비상 버튼 설비를 설치하되, 위치는 가스 누설 가능성이 있는 부위에서 최소 4.6m 이상 이격시킬 것.

추가적으로 원격 및 수동 공급중단 버튼을 모노실란 설비 출구 외부에 설치할 것.

■ 자동 공급중단 설비

가스의 누설 또는 화재를 감지하는 경우에는 자동으로 모노실란의 공급이 중단되도록 할 것.

■ 공정가스 판넬(Process gas panel)

Process gas panel이란 실린더 후단의 압력을 조절하여 일정한 압력의 모노실란 가스가 사용처에 도달하도록 하는 장치이다. 대표적인 구성은 아래와 같다.

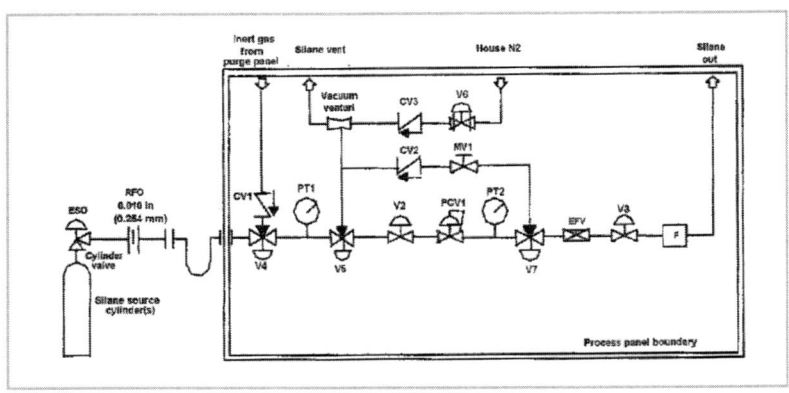

그림 8-14 Process gas panel 구성도

■ 퍼지가스 판넬(Purge gas panel)

Purge gas panel이란 모노실란 이송 배관을 불활성 기체(주로 질소 또는 헬륨)를 이용, 퍼지를 위한 판넬을 말한다. 구성은 역방향으로 흐르는 것을 방지하도록 설비해야 한다. 또한 잠재적인 오염을 방지하기 위하여 다른 가스의 퍼지 판넬과 혼용하지 않고, 실란은 실란 전용 퍼지 판넬을 사용해야 한다.

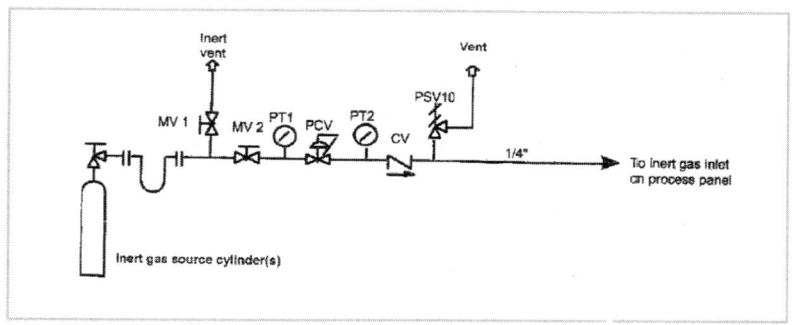

그림 8-15 Purge gas panel 구성도

(2) 옥내 설치

옥내라 함은 (1) 옥외의 규정을 충족시키지 못하는 모든 장소를 일컫는다. 모노실란의 옥내 저장 또는 취급은 벌크(즉 250리터 이상)에는 적용하지 않고 옥외 설치를 한다.

■ 충전소
폭발에 대비한 설비를 할 것.

충분한 환기를 제공할 것.

가스누출을 검지할 수 있는 설비를 갖추고 TLV-TWA 값인 5ppm 또는 그 이하에서 운전원에게 경고할 수 있도록 하고 흐름이 자동으로 차단되도록 할 것.

■ 출구

바닥 면적이 19㎡ 이상인 장소는 최소 2개 이상의 출구를 추천한다. 출구 간의 거리는 23m 이하로 한다. 또한 출입문은 항상 안에서 비상시에 열릴 수 있는 구조(예: panic hardware 등)로 구성되도록 한다.

■ 공급중단 비상 버튼

적어도 하나 이상의 원격 공급중단 및 수동 공급중단 비상 버튼 설비를 설치하되 위치는 가스 누설 가능성이 있는 부위에서 최소 4.6m 이상 이격 시킬 것.

추가적으로 원격 및 수동 공급중단 버튼을 모노실란 설비 출구 외부에 설치할 것.

■ 가스 캐비닛(Gas Cabinet)

가스 캐비닛은 공정가스 판넬, 조절기(Controller), 캐비닛 등으로 구성되어 있다. 압축가스 실린더를 안전하게 보호하고 만일의 경우에 발생하는 누출로부터 인명을 보호하기 위하여 설치되는 것으로 완전 밀폐형이어야 한다. 또한 내부의 상황을 캐비닛 외부에서 감시가 가능하도록 투명한 망입 유리를 설치한다.

가스 캐비닛은 누출이 발생되는 경우에 대비하여 환기 설비와 연결되어야 하고, 적절한 제독 설비 또는 안전한 장소로 이송되어야 한다.

그림 8-16 가스 캐비닛

■ VMB(Valve Manifold Box)

VMB는 하나의 가스 공급원에서 여러 개의 사용처로 가스를 분배해 주는 분배 장치이다. VMB는 공기 또는 질소 압력으로 자동으로 작동되도록 할 수 있다. VMB 내에는 퍼지 기능이 있어야 한다.

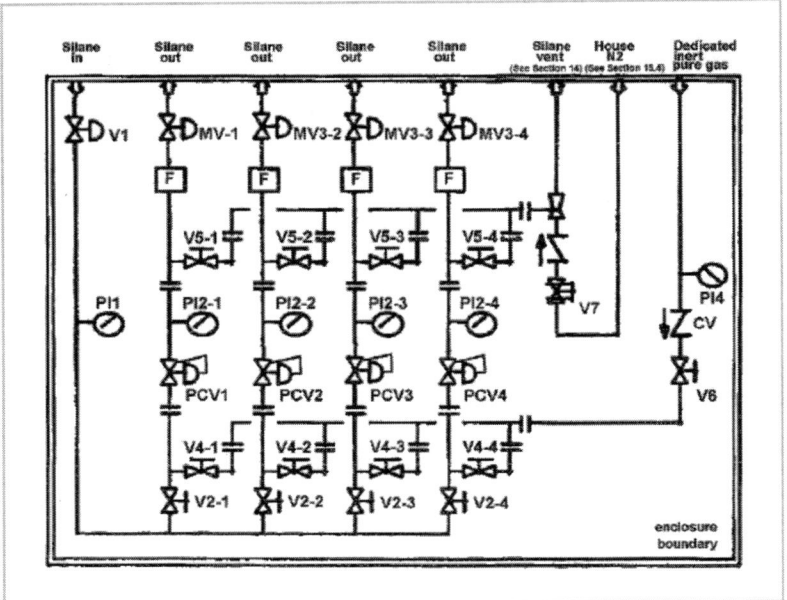

그림 8-17 VMB 도면

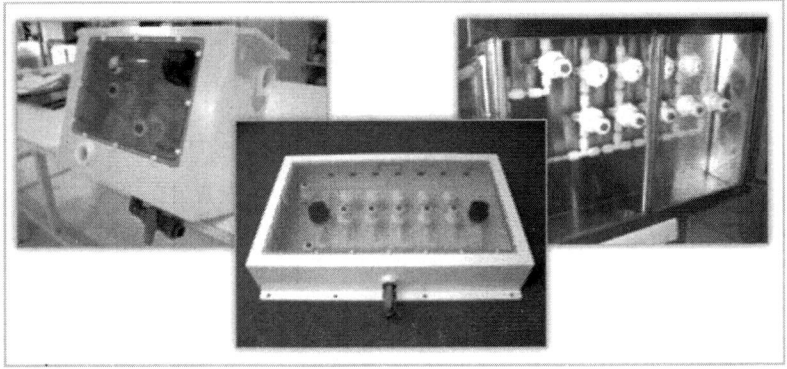

그림 8-18 VMB 사진

(3) 벌크 설비(Bulk System)

　벌크라 함은 250리터 이상의 물과 동일한 용적을 가지고 있는 용기를 지칭한다. 일반적으로 Y 실린더 이상을 생각하면 된다. 이 설비들은 아주 특별한 경우가 아니면 옥외 설치를 해야 한다.

　국내 고압가스 안전 관리법에 따르면 독성 가스의 경우 누출 시 포집 설비를 하고 이를 제독하도록 규정하고 있다. 모노실란의 경우 2008년 6월 22일 시행된 독성 가스의 정의 LC_{50} 5000ppm 이하에 따라 독성 가스에서 제외되는 것이 맞으나, 모노실란이 가지고 있는 위험성이 많아 아직 암모니아(NH_3), 염화메탄(CH_3Cl), 삼불화질소(NF_3)와 함께 독성 가스로 취급되고 있다.

　상기의 규정에 따라 비상시에 대비한 제독 설비를 갖추는 것이 맞으나, 실란의 가장 큰 특성인 자연 발화성으로 인하여 대기 방출 시 모래 성분인 SiO_2가 발생하므로 면제해 주고 있다. 단 실린더 교체 등의 공정 중에 의도적으로 발생되는 누출은 일정 제독 설비를 이용해 처리해야 한다.

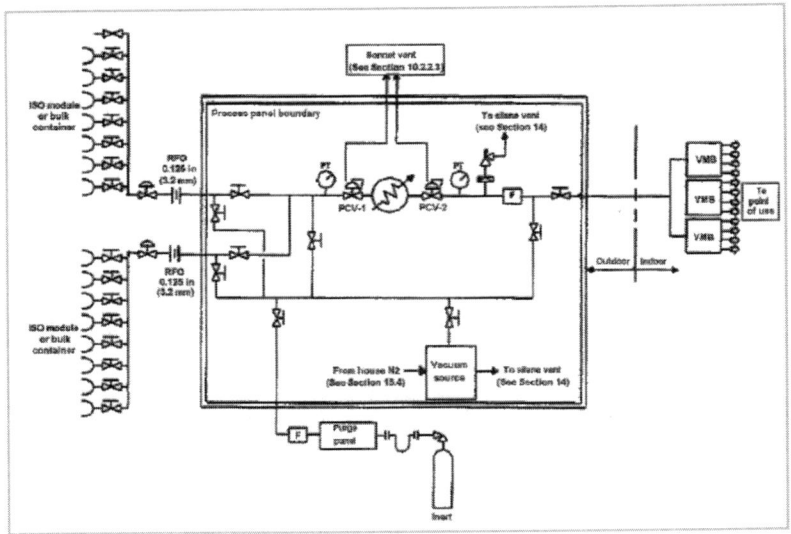

그림 8-20 벌크 실란 도면 예

그림 8-21 벌크 실란 설치 예

■ 튜브 트레일러 또는 ISO 모듈(Tube Trailer or ISO Mcdule)

ISO 모듈이란 여러 개의 튜브를 해상 및 육상으로 이송 가능하도록 구조물에 적재한 형태를 말한다. 보통 2ft의 직경에 20ft 또는 40ft의 길이로 구성된다. 각각의 튜브는 밸브를 가지고 있으며 배관으로 서로 연결되어 있다.

그림 8-22 ISO Module

■ 450리터 실린더(Y Cylinder)

일반적으로 Y 실린더라고 불리며, 약 450리터의 용적을 가지고 있다. 한쪽은 밸브가 설치되고 수평의 형태로 사용되며, 지게차 등으로 이동이 가능하도록 Skid 위에 설치되어 있다.

그림 8-23 450리터 실린더

■ 실린더 묶음(Cylinder Pack)

여러 개의 실린더를 Skid 또는 Cart에 조합하여 대량으로 사용하고자 하
는 목적이며 이동은 지게차로 한다. 아래에 바퀴를 설치하여 이동하는 것은
사고의 위험이 있어 권장하지 않는다. 하나의 실린더 용적은 보통 43리터
또는 45리터이다.

그림 8-24 실린더 묶음

(4) 배관 및 부속품

배관에 관련된 시스템은 ANSI B31.3(American National Standard
Institute B31.3, Power and Process Piping Package) 및 고압가스 안전
관리법에 따라 설계, 설치, 검사 및 시험이 이루어져야 한다.

■ 배관의 연결

모노실란을 취급하는 배관의 연결은 원칙적으로 모든 것을 아래와 같은 경우를 제외하고는 용접 형태를 추천한다.

• 점검을 위하여 탈착이 필요한 부분은 금속 성분의 가스켓으로 Face-seal 형태의 연결이 되도록 한다.

• 진동 또는 회전력에 의한 누출의 위험을 막기 위하여 용접 연결이 아닌 부분을 최소화한다.

■ 배관의 이중 보호

아주 특별히 고객의 요청 또는 주변 상황이 충격을 빈번히 줄 수 있는 상황이 아니라면 굳이 이중 배관을 추천하지 않는다. 그러나 어떠한 이유에서든 이중 배관을 수행하는 경우에는 외부 배관의 설계 압력이 내부 배관과 동일하게 하여, 만일의 사태에 내부 배관에서 누출이 발생하더라도 외부 배관에 영향을 주어 외부로 배출되지 않도록 해야 한다.

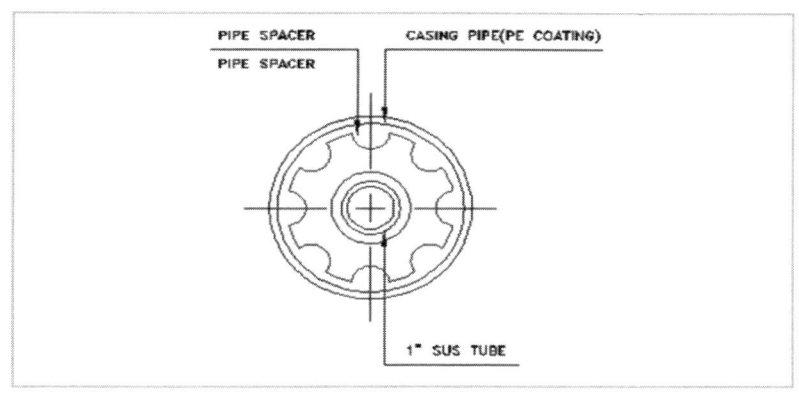

그림 8-25 이중 배관

이중 배관을 사용할 경우 내·외부 배관 사이에는 퍼지의 목적으로 공기를 사용해서는 안 된다. 만일 발생할 수 있는 누출로 인하여 화재 또는 폭발을 일으킬 수 있기 때문이다. 불활성 기체를 이용하여 실란의 압력보다는 낮게, 대기압보다는 높게 항상 압력을 유지시키고, 측정하여 만일 압력이 증가하여 내부 배관의 손상 압력이 감소하는 경우에는 외부 배관의 손상을 알 수 있도록 하는 것이 좋다.

■ 기밀시험

기밀시험에서 유체는 조연성 가스(즉 공기 등)가 포함되지 않은 불활성 기체를 사용하고, 실란을 투입하기 전에는 공기가 확실히 없도록 해야 한다.

■ 식별

배관 시스템의 식별은 ASME A13.1(Schemes for the identification of piping systems)에 따라 아래와 같이 추천한다.

유체의 종류와 흐름 표기

각각의 밸브, 벽 등을 통과하기 전, 흐름의 방향이 변하기 전

매 6.1m마다 또는 배관의 분기점

■ 밸브

잠재적 누출의 원인이 될 수 있는 패킹 형태는 사용을 금하고, 패킹이 없는 벨로우즈(Bellows) 또는 다이아프람(Diaphram) 형태의 밸브를 사용해야 한다. 밸브의 구성품들은 도구를 이용해야만 해체가 가능하도록 해야 한다. 자동 밸브는 밸브 액츄에이터에 에너지를 잃는 경우(예: 계장 공기 공급 중단, 전기 공급 중단 또는 고장 등)에 Fail-safe 또는 Fail-closed로 설계하여, 어떠한 경우라도 안전을 보장할 수 있도록 해야 한다.

■ 체크 밸브

체크 밸브는 역방향 흐름을 방지하기 위한 유일한 목적으로 사용되어서는 안 되고, 다른 장치(예: 자동 잠금 밸브 등)와 함께 사용되어야 한다. 체크 밸브는 Spring-opposed 또는 Positive shutoff 형태를 사용한다.

■ Regulator

Metal diaphragm으로 구성된 Regulator를 사용한다.

■ Bonnet relief vent

Regulator bonnet의 Diaphragm이 손상되어 내부의 실란이 누출되었을 때 안전한 지역으로 벤트(Vent)시킬 수 있도록 배관을 설치해야 한다. 누출을 감지할 수 있는 설비를 설치하도록 하고, 배관은 누출된 실란이 충분히 흐를 수 있도록 구경을 결정한다.

벤트 배관

그림 8-26 압력조절 밸브 벤트 배관 설치 예

■ 긴급차단 밸브(ESO, Emergency Shut-Off)

비상시에 실란의 흐름을 긴급 차단하는 설비를 갖추어야 한다. 적어도 한 개 이상의 밸브가 원격에 설치되어 있고 수동으로 조작할 수 있도록 해야 한다. 이 시스템은 외부로 나갈 수 있는 문 외부에 설치되어 있어야 하며, 바로 실란의 흐름을 차단할 수 있도록 구성되고 경고음을 발생할 수 있어야 한다. 계장용 공기를 공급하는 튜브는 열에 약한 재질로 하여, 만일 외부 화재가 발생하더라도 계장 공기용 튜브가 녹아 Fail-safe position으로 잠기도록 한다. 긴급차단 밸브는 실란 공급처로부터 최대한 가깝게 설치한다.

■ 가스 검지기

CGA G-13에서는 옥외 설비에 대하여 가스 검지기 설치에 예외를 허용하고 있으나, 국내에서는 아직 실란이 독성 가스이므로 고압가스 안전 관리법에 따라 옥내 설비에는 주변 둘레 10m 당 1개 이상, 옥외 설비는 주변 둘레 20m 당 1개 이상 설치를 해야 한다. 검지기의 설치는 기계적 결합(예: Flange, Thread, Coupling 등)이 존재하고 있는 주변을 추천한다.

검지기의 설정은, 환기가 원활히 되는 지역은 0.34%(25% LEL) 또는 그 이하, 환기가 원활히 이루어지지 않는 지역은 5ppm(TLV-TWA) 또는 그 이하를 추천한다. 그러나 공정 설비의 차단은 0.34% 이상에서 이루어지도록 한다.

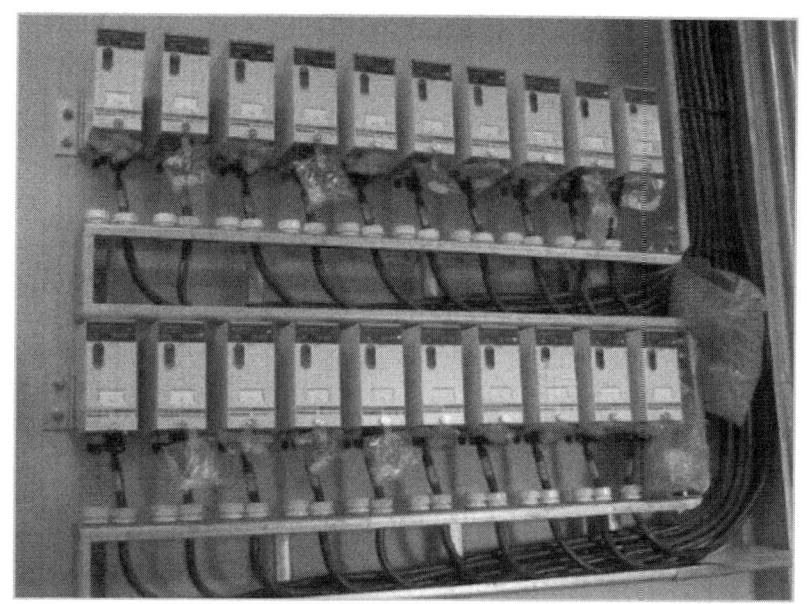

그림 8-27 가스 검지기 설치 예

■ 불꽃 감지기

실란은 자연 발화성 물질로서 누출 시 화염을 발생시킨다. 이를 감지하기 위한 불꽃 감지기를 설치해야 한다. 잠재적인 가스누출 확률이 있는 실린더 주변, 퍼지 판넬, ISO 모듈, 가스 캐비닛 등을 확인할 수 있는 위치에 설치하되, 외부에 설치되는 경우 햇빛, 용접용 불꽃, 다른 적외선이나 자외선 등에 반응하지 않도록 성능이 검증된 제품을 사용해야 한다.

그림 8-28 불꽃 감지기 설치 예

불꽃 감지기의 작동은 모든 실란 설비를 정지시킬 수 있도록 해야 한다.

■ 소화 설비

실란의 화재 때는 절대로 화재를 진화하려고 해서는 안 된다. 그보다는 가스의 흐름을 정지시키는 것이 가장 바람직하다. 더욱이 소화 설비로서 이산화탄소(CO_2)와 같이 질식소화는 연소되지 않은 모노실란이 연소되지 않은 상태로 자유 이동을 하다가 더욱 큰 화재나 폭발을 일으킬 수 있으므로 절대로 사용해서는 안 된다.

화재 발생 시에는 화재 열로 인한 용기 손상을 방지하기 위해 용기 외부를 물로 냉각시켜 주는 딜루지(Deluge) 설비를 하되, 오동작으로 인한 계기의 손상 및 공급 중단을 방지하기 위해 수동으로 동작되도록 하는 것이 좋다. 물의 공급량은 용기 표면적 ㎡당 12liter/min 이상으로 하고, 수원은 2시간을 충분히 공급할 수 있도록 한다.

그림 8-29 딜루지 설비 예

■ 환기 설비

모노실란의 취급에는 적절한 환기 설비가 상당히 중요하다. 캐비닛이 없는 실린더 저장소의 경우 바닥면적 1㎡ 당 300lpm(18㎥/hr)의 공기 양을 환기시키거나, 시간당 저장소 용적의 최소 6회 이상(6 ACH, Air Change per Hour) 공기의 양을 환기시키는 두 가지 기준 중에 그 수치가 큰 것을 채택한다.

외부에 설치되어 있는 기계적 결합부 또는 캐비닛에는 미국의 압축가스 규격(CGA, Compressed Gas Association), 화재 안전협회(NFPA, National Fire Protection Association) 등에서 추천하고 있는 모든 개구부 또는 기계적인 결합부(예: VCR, DISS, Flange 등)에서의 표면 속도를 약 200~250ft/min(1.0~1.3m/sec, CGA G-13) 이상으로 유지하는 것을 규정하고 있다. 환기 설비에 문제가 발생하는 경우에는 운전원이 상주하고 있는 장소에 그 사실을 알리는 경보가 울리도록 해야 한다.

- 가스 캐비닛 또는 VMB에 사용되는 RFO 크기별 최소 환기량
  무인 운전의 경우

표 8-3 무인 운전의 경우 필요 환기량

Source Pressure (psig)	직경 0.006인치 (0.15mm) RFO		직경 0.01인치 (0.25mm) RFO		직경 0.014인치 (0.36mm) RFO		직경 0.02인치 (0.51mm) RFO	
	실란 누출량 (scfm)	필요 환기량 (scfm)	실란 누출량 (scfm)	필요 환기량 (scfm)	실란 누출량 (scfm)	필요 환기량 (scfm)	실란 누출량 (scfm)	필요 환기량 (scfm)
50	0.025	8	0.069	21	0.136	41	0.288	86
100	0.045	14	0.124	37	0.243	73	0.497	149
200	0.085	26	0.237	71	0.465	140	0.949	285
400	0.173	52	0.480	144				
600	0.275	83	0.755	227				
800	0.395	119	1.08	324				
1000	0.555	167	1.51	453				
1200	0.724	217	1.97	591				
1500	0.913	274	2.50	750				
1650	0.987	296	2.70	810				

1. scfm standard cubic feet per minute(ft³/min)
2. 모노실란 온도 75°F(24°C)
3. RFO 후단 압력 대기압
4. RFO discharge coefficient 0.8

유인 운전의 경우

표 8-4 유인 운전의 경우 필요 환기량

Source Pressure(psig)	직경 0.006인치(0.15mm) RFO	
	실란 누출량(scfm)	필요 환기량(scfm)
50	0.025	8
100	0.045	14
200	0.085	26
400	0.173	52
600	0.275	83
800	0.406	122
1000	0.568	170
1200	0.711	213
1500	0.852	256
1650	0.917	275

■ 연속 퍼지

실란이 벤트되는 배관에는 공기 침투를 방지하기 위하여 연속적인 퍼지를 불활성 기체로 수행해야 한다. 이때 퍼지의 양은 벤트 바관에서 1m/sec 이상이 되도록 한다.

■ 일반적인 감시 설비

옥내 설비

표 8-5 옥내 설비의 일반적인 요구 사항

옥내 설비	환기 감시	가스 검지	화염 감지	비상 중단
가스 캐비닛	환기가 되지 않는 경우 경보 설비 설치 환기가 되지 않는다고 설비를 중단시킬 필요는 없음	가스 검지기 설치 필요 및 이에 따라 설비 중단	광학적인 화염 감지기 또는 온도 감지기 설치 필요 및 이에 따라 설비 중단	모든 출입구 외부에는 비상정지 버튼을 설치하여 비상시 설비를 중단할 수 있도록 함
이중 배관이 아니면서 기계적 결합이 있는 경우		가스 검지기 설치 필요	광학적인 화염 감지기 또는 온도 감지기 설치 필요 및 이에 따라 설비 중단	
VMB		가스 검지기 설치 필요 및 이에 따라 설비 중단	광학적인 화염 감지기 또는 온도 감지기 설치 필요 및 이에 따라 설비 중단	

옥외 설비

표 8-6 옥외 설비의 일반적인 요구 사항

옥내 설비	환기 감시	가스 검지	화염 감지	비상 중단
일반적임	강제 환기 설비 필요 없음	가스 검지기가 절대적으로 필요한 사항은 아님	화염 감지기 또는 온도 감지기 설치 필요 및 이에 따라 설비 중단	모든 출입구 외부에는 누출 부위로부터 4.6m 이내에 비상정지 버튼을 설치하여 비상시 설비를 중단할 수 있도록 함